河南省新生代沉积盆地岩盐、天然碱成矿预测

Henansheng Xinshengdai Chenjipendi
Yanyan, Tianranjian Chengkuang Yuce

杜春彦　尉向东　宋　锋　**等著**
崔炜霞　董永志

中国地质大学出版社
ZHONGGUO DIZHI DAXUE CHUBANSHE

图书在版编目(CIP)数据

河南省新生代沉积盆地岩盐、天然碱成矿预测/杜春彦等著. —武汉:中国地质大学出版社,2015.11
ISBN 978-7-5625-3761-8

Ⅰ.①河…
Ⅱ.①杜…
Ⅲ.①新生代-沉积盆地-盐类矿床-成矿预测-河南省②新生代-沉积盆地-天然碱矿床-成矿预测-河南省
Ⅳ.①P619.210.1

中国版本图书馆 CIP 数据核字(2015)第 273048 号

河南省新生代沉积盆地岩盐、天然碱成矿预测	杜春彦 尉向东 宋 锋 等著
	崔炜霞 董永志

责任编辑:舒立霞	选题策划:徐蕾蕾	责任校对:代 莹
出版发行:中国地质大学出版社(武汉市洪山区鲁磨路 388 号)		邮政编码:430074
电 话:(027)67883511	传真:67883580	E-mail:cbb @ cug.edu.cn
经 销:全国新华书店		http://www.cugp.cug.edu.cn
开本:787 毫米×1092 毫米 1/16		字数:276 千字　印张:10.75
版次:2015 年 11 月第 1 版		印次:2015 年 11 月第 1 次印刷
印刷:武汉市籍缘印刷厂		印数:1—500 册
ISBN 978-7-5625-3761-8		定价:56.00 元

如有印装质量问题请与印刷厂联系调换

《河南省新生代沉积盆地岩盐、天然碱成矿预测》

编 委 会

主　编：杜春彦

副主编：尉向东　宋　锋　崔炜霞　董永志

编　委：祝朝辉　李　远　陆　伟　王　涛
　　　　陈守民　常秋玲　吕国芳　时永志
　　　　王　兵　乔　伟　孟翠翠　康鸳鸯

前 言

本专著是在"河南省新生代沉积盆地岩盐、天然碱资源调查"成果基础上编写而成的。笔者全面收集了河南省新生代沉积盆地地质、物探、钻井和地质科研方面的资料，以成盐理论为指导，对河南省新生代沉积盆地盐类矿产资源进行了系统调查评价，基本摸清了河南省新生代沉积盆地岩盐、天然碱矿产资源"家底"。在全省预测出9个成矿远景区、3个重点成矿盆地，新发现了一批具有大型、超大型远景矿产地；从河南省的实际出发，在分析研究沉积盆地岩盐、天然碱矿产成矿地质条件，分布规律，产出状况的基础上，根据国家和河南省中长期规划、市场需求，结合交通环境配置、工作程度等，对近期能开发利用、市场前景广阔、商业价值高的盐类矿产提出初步开发利用规划建议，规划出3个岩盐开发区、2个天然碱开发区。

笔者建立了河南省新生代盆地钻孔数据库，为河南省经济发展规划及岩盐、天然碱矿产资源勘查开发规划提供了基础地质资料和决策依据。

在实际工作中，笔者对河南省34个新生代沉积盆地岩盐、天然碱矿产的分布规律、控矿条件和湖相沉积等特征进行了深入研究，并对河南省钾盐找矿前景进行了初步探讨，指明了成矿、找矿的有利条件和部位，丰富了河南省在新生代沉积盆地中寻找盐类矿产的理论依据。

盐类矿产是河南省的优势矿产，开发程度较低。笔者对全省主要盆地岩盐、天然碱矿产资源量进行了定量预测，资源潜力巨大。相信本项目成果会对河南省的社会和经济发展产生积极影响。

本书共分 12 章。前言由宋锋执笔完成；第一章、第二章、第三章、第五章、第六章、第八章、第九章、第十章、第十一章由杜春彦执笔完成；第四章由崔炜霞、曾光艳执笔完成；第七章由尉向东执笔完成；第十二章由董永志执笔完成。其中尉向东、杜春彦、李远等参加了野外调查工作；李远、张荫树参加了钻孔数据库建设工作；乔伟、孟翠翠参加了图件制作工作。祝朝辉、李远、陆伟、王涛、常秋玲、陈守民、王兵、时永志等参与了部分工作，专著撰写完成后，由杜春彦统一审核定稿。

本项目工作在实施过程中，自始至终得到了河南省国土厅、河南省国土资源科学研究院、河南石油勘探局石油勘探开发研究院等有关单位领导的大力支持，在此深表感谢。同时也感谢参与本项目部分工作的其他同志以及给予本项目指导、关心、帮助的专家、学者和朋友！由于作者水平有限，书中疏漏错误之处在所难免，敬请读者批评指正。

著　者

2015 年 8 月

目 录

第一章 绪 论 (1)
  第一节 项目背景及目标任务 (1)
    一、项目背景 (1)
    二、目标任务 (2)
  第二节 以往地质工作程度 (2)
    一、舞阳凹陷 (2)
    二、泌阳凹陷 (3)
    三、濮阳凹陷 (4)
    四、吴城盆地 (4)
    五、三门峡盆地 (5)
  第三节 工作概况及主要成果 (6)
    一、工作概况及工作量 (6)
    二、主要成果 (7)

第二章 工作部署 (9)
  第一节 工作部署 (9)
    一、工作部署原则 (9)
    二、总体工作部署 (9)
    三、具体工作安排 (11)
  第二节 工作质量评述 (11)

第三章 河南省新生代沉积盆地地质概况 (13)
  第一节 河南省新生代沉积盆地分布 (13)
  第二节 河南省新生代沉积盆地矿产 (13)

  一、能源矿产 ……………………………………………………………………… (13)
  二、有色金属、贵金属及稀有元素矿产 ………………………………………… (16)
  三、化工建材及其他非金属矿产 ………………………………………………… (16)

第四章　河南省新生代盆地地层 …………………………………………………… (18)
 第一节　地层划分 …………………………………………………………………… (18)
  一、李官桥盆地 …………………………………………………………………… (18)
  二、南襄盆地 ……………………………………………………………………… (20)
  三、周口坳陷 ……………………………………………………………………… (23)
  四、吴城盆地 ……………………………………………………………………… (26)
  五、东濮凹陷 ……………………………………………………………………… (28)
 第二节　新生代盆地生物地层及年代地层划分与对比 …………………………… (32)
  一、介形虫 ………………………………………………………………………… (32)
  二、轮藻 …………………………………………………………………………… (34)
  三、孢粉 …………………………………………………………………………… (37)
  四、脊椎动物 ……………………………………………………………………… (41)
 第三节　新生代沉积盆地地层对比 ………………………………………………… (43)
  一、古新统 ………………………………………………………………………… (43)
  二、始新统 ………………………………………………………………………… (45)
  三、渐新统 ………………………………………………………………………… (47)
  四、新近系 ………………………………………………………………………… (48)

第五章　河南省新生代沉积盆地沉积体系特征 …………………………………… (49)
 第一节　大陆沉积体系组 …………………………………………………………… (49)
 第二节　沉积体系特征 ……………………………………………………………… (49)
  一、冲积扇沉积体系 ……………………………………………………………… (49)
  二、扇三角洲体系 ………………………………………………………………… (50)
  三、三角洲体系 …………………………………………………………………… (51)
  四、河流体系 ……………………………………………………………………… (51)
  五、湖泊体系 ……………………………………………………………………… (52)

第六章　河南省区域构造特征与新生代沉积盆地 ………………………………… (56)
 第一节　区域构造特征 ……………………………………………………………… (56)
  一、大地构造位置及构造单元划分 ……………………………………………… (56)
  二、构造特征综述 ………………………………………………………………… (56)
  三、分隔构造单元的断裂 ………………………………………………………… (57)
 第二节　区域地球物理特征与基底特征 …………………………………………… (58)

一、区域重力场特征 … (58)
　　二、区域磁场特征 … (59)
　　三、深部构造特征 … (60)
　第三节　区域构造演化与新生代沉积盆地形成 … (60)
　　一、区域地质构造演化 … (60)
　　二、构造运动与盆地形成 … (61)
　　三、典型盆地实例介绍 … (62)

第七章　河南省新生代沉积盆地盐类矿产资源 … (69)
　第一节　新生代沉积盆地盐类矿产分布 … (69)
　第二节　主要含盐盆地盐类矿产资源特征 … (69)
　　一、舞阳凹陷 … (69)
　　二、泌阳凹陷 … (70)
　　三、吴城盆地 … (71)
　　四、东濮凹陷 … (71)

第八章　新生代沉积盆地含盐岩系特征 … (73)
　第一节　含盐岩系剖面结构特征 … (73)
　　一、盐类沉积的多旋回性和多级韵律性 … (73)
　　二、平面上的环带状岩相分布 … (77)
　　三、含盐岩系剖面类型 … (78)
　第二节　含盐岩系中的矿物 … (78)
　　一、含盐岩系剖面的盐类矿物组合类型 … (78)
　　二、含盐岩系中的副矿物 … (79)
　　三、吴城盆地和泌阳凹陷含碱岩系中碱矿物与黏土矿物的差异及其地质意义 … (79)
　第三节　含盐岩系微量元素地球化学 … (80)
　　一、溴 … (80)
　　二、硼 … (80)
　　三、锶、钡 … (83)
　第四节　成盐卤水的水化学及其演化 … (84)
　　一、碎屑岩系成盐卤水的水化学类型 … (84)
　　二、碳酸盐型卤水的演化和成盐序列研究 … (85)

第九章　岩盐、天然碱成矿控制因素及成矿规律 … (89)
　第一节　岩盐成矿控制因素及成矿规律 … (89)
　　一、岩盐成因 … (89)
　　二、成矿控制因素 … (89)

三、成矿规律 …………………………………………………………………………… (90)
　第二节　天然碱成矿控制因素及成矿规律 ……………………………………………… (92)
　　一、天然碱成因 ………………………………………………………………………… (92)
　　二、成矿控制因素 ……………………………………………………………………… (92)
　　三、成矿规律 …………………………………………………………………………… (94)

第十章　盐类矿产成矿预测 ……………………………………………………………… (96)
　第一节　成矿预测原则 ……………………………………………………………………… (96)
　第二节　成矿预测区划分 …………………………………………………………………… (96)
　第三节　主要成矿预测区分述 ……………………………………………………………… (97)
　　一、舞阳凹陷 …………………………………………………………………………… (97)
　　二、泌阳凹陷 …………………………………………………………………………… (103)
　　三、濮阳凹陷 …………………………………………………………………………… (109)
　　四、吴城盆地 …………………………………………………………………………… (114)

第十一章　河南省新生代沉积盆地钾盐找矿前景研究 ………………………………… (128)
　第一节　钾盐成矿条件分析 ………………………………………………………………… (128)
　　一、成矿时代 …………………………………………………………………………… (128)
　　二、钾盐盆地的形成 …………………………………………………………………… (128)
　　三、钾物质来源 ………………………………………………………………………… (128)
　　四、沉积阶段 …………………………………………………………………………… (129)
　　五、与构造的密切关系 ………………………………………………………………… (129)
　第二节　国内典型矿床 ……………………………………………………………………… (129)
　　一、矿床类型 …………………………………………………………………………… (129)
　　二、典型矿床 …………………………………………………………………………… (129)
　第三节　河南省新生代沉积盆地钾盐找矿前景 …………………………………………… (139)
　　一、古地理面貌和成盐条件分析 ……………………………………………………… (139)
　　二、对钾盐找矿前景的初步看法 ……………………………………………………… (140)

第十二章　河南省岩盐、天然碱勘查开发建议 ………………………………………… (142)
　第一节　河南省岩盐、天然碱勘查规划建议 ……………………………………………… (142)
　第二节　河南省岩盐、天然碱开发规划建议 ……………………………………………… (143)

主要参考文献 ……………………………………………………………………………… (146)
　附表1　河南省新生代沉积盆地基本特征表 ……………………………………………… (150)
　附表2　河南省新生代沉积盆地（凹陷）矿产卡片 ……………………………………… (152)

第一章 绪 论

第一节 项目背景及目标任务

一、项目背景

盐、碱既是化学工业的基础原料,也是人民生活的必需品,直接关系到国计民生。盐、碱及其化工产品广泛应用于农业、化工、纺织、印染、造纸、玻璃、染料、冶金、医药、军工、环保、建材、日常生活等各个领域,对国民经济和社会发展起着十分重要的作用。河南省岩盐、天然碱资源丰富,区位优势明显,有利于合理开发岩盐、天然碱资源,引导盐、碱及其化工产业快速协调发展,促进中部崛起战略的实施。

河南省岩盐、天然碱矿产为产于中新生代沉积盆地古近系中的古代岩盐、天然碱矿。目前,全省已确定存在岩盐、天然碱的中新生代盆地(凹陷)有东濮凹陷、襄城凹陷、舞阳凹陷、吴城盆地、泌阳凹陷共5处,推测可能存在岩盐的中新生代盆地(凹陷)有元村凹陷、黄口凹陷等。全省岩盐、天然碱找矿潜力巨大,预测仅东濮凹陷、舞阳凹陷中岩盐资源潜力就达 3500×10^8 t 以上(东濮凹陷 1200×10^8 t,舞阳凹陷 2300×10^8 t),吴城盆地、泌阳凹陷天然碱预测资源潜力 $(3 \sim 5) \times 10^8$ t。

20世纪90年代起,河南省开始建设现代化真空制盐企业,先后建成了中盐皓龙盐化有限公司、中原盐厂、神鹰盐厂、金大地盐厂等7家盐厂,设计生产能力 240×10^4 t/a,2006年生产盐产品 304×10^4 t,带动了盐化工业的快速发展。2006年河南省有烧碱企业18家,其中,产能 10×10^4 t/a 以上的有3家、$(5 \sim 10) \times 10^4$ t/a 的有6家、5×10^4 t/a 以下的有9家,2006年产量 82.30×10^4 t。河南省现有纯碱企业9家,其中,桐柏县4家企业为天然碱,剩余5家用盐生产纯碱,2006年产量 169.5×10^4 t。

今后5年是河南省加快全面建设小康社会、奋力实现中原崛起的重要时期,也是河南省必须紧紧抓住并且可以大有作为的战略机遇期。从宏观政策来看,国家积极促进中部崛起,有利于河南省发挥比较优势和后发优势,实现跨越式发展。河南省经济的跨越式发展和国家中部崛起发展战略实施,有利于河南省寻找新的经济增长点,扩大盐及盐化工产业的生产规模,更好地带动下游产业的发展,为河南省走在中部崛起前列注入了新的巨大的生机和活力。

河南省有很好的岩盐和天然碱资源,为发展盐及盐化工产业提供了可靠的资源保障。河南省地处祖国腹地,京广铁路纵贯南北,陇海铁路连接东西,高速公路四通八达,物流辐射广阔,产品运输半径大。煤炭资源丰富,水利条件优越,这些都为盐碱化工业的发展创造了有利条件。

因此,在市场行情看涨的行业背景下,加大河南省岩盐、天然碱矿开发力度,大力发展盐碱化工业,促使河南省岩盐、天然碱资源优势转化为经济优势,对未来河南省国民经济发展具有重要意义。

基于上述,河南省国土资源科学研究院开展了"河南省新生代沉积盆地岩盐、天然碱资源调查"项目,该项目为2008年度的河南省地质勘查基金(周转金)项目,项目来源为河南省财政厅豫财建〔2008〕496号文《关于下达省地质勘查基金(周转金)项目经费的通知》和河南省国土资源厅豫国土资发〔2009〕1号《关于下达2008年度省地质勘查基金(周转金)项目任务书的通知书》。

项目工作周期1年,下达项目主要工作量为:研究资料收集50份,选区野外调查35处,1:50万全省性地质编图一套5张。下达项目经费182万元。

二、目标任务

在深入研究新生代沉积盆地地质特征及控矿作用的基础上,研究盆地内岩盐、天然碱成矿规律,预测岩盐、天然碱资源潜力,开展岩盐、天然碱勘查选区,从资源整体上研究河南省岩盐、天然碱资源分布和成矿条件,从应用发展上探讨岩盐、天然碱资源的合理利用途径,以便为河南省制订岩盐、天然碱业和相关盐碱化工业长远发展规划及合理布局提供资源基础资料。

具体任务如下:

(1)总结河南省盐类矿产的矿床类型、区域分布、盐类矿产成矿规律及控矿条件。

(2)对河南省岩盐、天然碱资源进行成矿和资源潜力预测,编制河南省岩盐、天然碱类矿产分布图和资源潜力预测图。

(3)在成矿和资源潜力预测的基础上,提出河南省岩盐、天然碱类矿产进一步找矿建议,编制进一步的河南省岩盐、天然碱矿产勘查规划建议图。

(4)对河南省岩盐、天然碱资源开采,盐碱及相关工业发展现状进行调研,对未来河南省岩盐、天然碱及相关工业发展对岩盐、天然碱资源的需求进行预测研究,探讨河南省岩盐、天然碱资源对相关工业发展的资源保障程度。

第二节 以往地质工作程度

河南省新生代沉积盆地(凹陷)分布广泛,总计共28个,先后进行过不同程度的工作,现将主要盆地工作程度简述如下。

一、舞阳凹陷

(一)地质调查

1957年华北石油普查大队对舞阳凹陷进行过1:20万石油普查。

1960—1966年郑州地校、河南省地质局进行过水文地质调查和1:20万第四系地质填图。

1958—1972年河南省地质局、中南煤田勘探公司等单位为找煤、铁、铝土矿床进行过普查。

1984—1986年河南省地矿局水文地质三队编制了《河南省平顶山水文地质普查与后备水源地详查报告》。

(二) 物探

1960年地质部做过1:10万航磁测量及航空放射性测量。

1967年在平顶山市西部地区进行过1:50万航磁测量。

1966—1972年省煤管局和省地质局以找煤为目的,做过地震、电法勘探。

1979—1990年河南油田对舞阳凹陷进行过地震勘探,共布置12～48次多次覆盖剖面2520.8km。

(三) 钻井

1980年河南油田开始对凹陷进行油气钻探,至1990年共完成钻井11口,有6口井发现较厚的石盐岩。

1985—1987年化工部钾盐地质大队在上述工作的基础上,钻探了WK1、WK2两口含盐段全取芯井,在核一段也见到了较厚的石盐岩层。

1988年以来,核工业部、平顶山盐管委、煤田四队、河南油田等单位为开发盐矿资源,在开发试验区内钻探了部分探采井,均钻遇了较厚的石盐矿层。

(四) 地质研究

1983年以来,河南油田研究院就舞阳凹陷的构造特征、生油条件、地层划分、沉积环境等进行过专题研究,编写了《舞阳凹陷资源量估算及成因初探》等10多篇科研报告。

1988年钾盐地质大队编制了《舞阳盆地钾盐及钠盐普查评价报告》,圈定含盐面积约400km^2,石盐资源量2363×10^{8}t。

1989年煤田四队提交《河南省叶县平顶山盐田马庄矿段勘探地质报告》。

1992年华北石油地质局地质研究大队提交了《河南省舞阳县孟寨盐矿区勘探地质报告》。

1993年河南油田、煤田四队共同提交了《河南省叶县平顶山盐田田庄矿段勘探地质报告》。

2009年至今河南省国土资源科学研究院在舞阳凹陷进行"河南省叶舞盐矿普查"项目。

二、泌阳凹陷

1968年河南省地质局区测队在本区进行了1:20万桐柏幅和泌阳幅区域地质测量。1972年河南省地质局地质十二队在安棚周围填制了1:5万地质草图。1973年河南省地质局物探队在唐河县城以东1000km^{2}范围内进行了1:10万重力普查。1974年,在一口石油钻井(泌3井)中,偶然发现了液体碱矿层。1975年吴城碱矿勘探后期,河南省地质局地质十二队开始在安棚地区开展盐碱矿勘探工作,在安棚—安店一带进行钻探,在浅层发现了石膏层,经详查评价,探明石膏矿D级地质储量42 018×10^{4}t。

1983—1986年河南省地调四队对安棚碱矿进行了详细普查工作,编写了《安棚碱矿普查报告》。探明C+D级矿石量为11 844.4×10^{4}t,碱矿层厚在0.2m以上的共17层,圈定碱分布面积10km², 估算固体碱矿远景储量 1.6×10^8 t, 折合纯碱 9000×10^4 t。

1986—1989年河南省地调四队在综合研究的基础上, 编写了《安棚碱矿物质成分、沉积环境及钾盐成矿条件研究》报告。对该矿床的组分和沉积环境进行了系统研究, 在我国天然碱矿床研究领域首次建立了我国碱矿物测试的谱线标准, 确定了矿床的沉积模式。

1992年河南石油勘探局勘探开发研究院提交了《河南省桐柏县安棚矿区碱矿勘探地质报告》, 批准碱储量 4849.11×10^4 t。

1974年以来, 河南油田在泌阳凹陷开展了地震和钻井勘探, 先后发现了双河、下二门、王集、赵凹、古城、井楼、杨楼、付湾、安棚、新庄等多个油田和安棚碱矿。截至2006年底, 该凹陷内累计完成二维地震 8576.19km, 三维地震 $1347.67km^2$, 共完成探井740口。其中预探井365口, 二维地震测线平均密度为 1km×1km, 三维地震已基本覆盖整个凹陷, 按勘探面积 $1000km^2$ 计算, 探井密度平均 0.74口/km²。其中北部斜坡探井密度平均 1.1口/km²（多数为浅井）, 南部凹陷带探井密度平均 0.5口/km²。石油储量近 2.3×10^8 t, 剩余资源量近 1.24×10^8 t, 根据国际通用标准, 泌阳凹陷处于高成熟勘探程度期。

目前该凹陷的石油和碱矿的勘探开发工作仍在进行, 但石油勘探程度已经比较高, 寻找油气藏和碱矿的个数越来越少, 面积、幅度越来越小, 难度也越来越大。

安棚碱矿由河南油田小规模试验性开发后, 于1995年前后由数家企业联合进行大规模正规开发, 并于2008年建成投产了第三期工程, 可年产 200×10^4 t 纯碱, 是目前亚洲最大的天然碱生产基地。

三、濮阳凹陷

20世纪50年代中期至80年代, 国家地质总局、华北石油普查大队、河南省地质局石油队及石油部物探局在东濮凹陷进行石油找矿的详查和普查工作, 发现和探明濮阳凹陷为一大型油田。

1957年华北石油普查大队在该区进行了1:20万区域地质普查找油工作。

1965年石油部646厂开展了重力、磁法和电法面积测量。

1970年4月胜利油田在东濮凹陷区进行了勘探工作, 初次见到了油气显示, 证实了古近系沙河街组有生油过程, 并发现了岩盐矿。

1975年国家地质总局对东濮凹陷区进行了钻探。

1975—1978年中原油田勘查会战, 先后在不同的钻探施工钻孔中发现了含膏泥岩、含钙芒硝、岩盐, 证实了该区是一个油气及岩盐类型的矿田。

截至2000年底, 东濮凹陷共完成二维地震 38 665.25m, 三维地震 $2838.256km^2$, 钻井井数 1060口, 是一个勘探程度很高的油田。对于岩盐矿的大规模勘查始于2003年, 目前, 该区已设置盐矿探矿权5个。

四、吴城盆地

1955年10月—1960年, 先后由中南地质局四八六队、河南省地质局地质十二队在本区开展油页岩矿普查-勘探工作。详细查明了吴城盆地地层、构造、盆地北部油页岩的分布规律、含油率及变化特征。提交油页岩矿平衡表内储量: $B+C_1+C_2$ 级 5459.49×10^4 t; 平衡表外储量: $B+C_1+C_2$ 级 1993.36×10^4 t。

1966年河南省地质局区测队在本区进行过1：20万桐柏幅及泌阳幅区域地质测量。

1970—1974年,河南省地质局地质十二队在本区开展天然碱矿普查-勘探。通过系统的钻探控制及相应的研究工作,详细查明了矿区内地层、构造、含矿岩组分布特征;工程控制范围矿层的数目、分布范围、形态、产状及规模;矿石物质组分、结构构造、矿石类型及变化特征;矿床的水文地质、工程地质特征及开采技术条件。并于1976年提交了《河南省桐柏县吴城矿区天然碱矿地质勘探报告》。

1982年,河南省矿产储量委员会对报告进行了评审,以"豫储决字(80)01号"下达批准了《河南省桐柏县吴城矿区天然碱矿勘探地质报告》决议书,批准天然碱矿石总量 9150×10^4 t,折合纯碱 3945×10^4 t,纯盐 1691×10^4 t。

2005年河南省南阳吴城盐碱矿提交了《河南省南阳吴城盐碱矿吴城天然碱矿资源储量核查报告》。

吴城碱矿在矿床勘探结束(1976年提交报告)不久的1977年即着手开发,从未间断。目前吴城和月河两个碱厂,年产纯碱在 70×10^4 t 以上。如今吴城盐碱矿已经历了30多年的开发,碱矿已呈现出衰老的现象:采出卤水中总碱浓度大幅下降,由开采之初的总碱(Na_2CO_3+$NaHCO_3$)浓度140～150g/L,下降至现今的55～70g/L;而 $NaCl$ 的含量由5～7g/L,上升到现在的140～160g/L。原有的蒸发工艺已不能生产出低盐重质纯碱,不得不改用碳(酸)化工艺生产轻质纯碱和小苏打。

五、三门峡盆地

(一)地震

二维地震299.3km,其中6次覆盖剖面281km,二次覆盖6.3km,单次12km。

(二)非地震

1964—1967年,120km电测深剖面。
1970—1972年,61个电测深点。
1979年,1：20万重力普查。
1：20万磁力普查。
以找油为目的的1：20万电法普查。

(三)钻井

总进尺12 173.43m,其中：
(1)地质浅井5口(ZK1～ZK5),进尺3833.44m。
(2)预探井2口(渭7、渭8),进尺2128.24m。
(3)参数井2口(灵参1、灵参2),进尺6211.74m。

另外,多个科研生产单位在本盆地进行了多次实测剖面:五亩项城剖面、川口剖面、米汤沟(坝头—郭村)剖面、大安瑶火沟剖面、陈家山—小安村剖面、过村剖面、柳林河剖面。

总体上,三门峡盆地勘探程度很低。

第三节 工作概况及主要成果

一、工作概况及工作量

根据本项目工作任务,本次工作遵循"全面部署,重点解剖,由已知到未知"的原则,按照厅下达的任务书及设计要求,本次工作分为以下几个方面。

(一)资料收集

根据任务书下达的工作量,收集研究资料50份,项目组成员首先在本单位收集新生代盆地地质、钻孔、剖面、沉积相等资料,通过协商又去南阳油田、濮阳油田收集新生代盆地相关盆地研究报告、地层、钻孔等各种资料,并去博物馆补充了相关资料,尽可能将所需要的资料收集齐全,共收集112份。

(二)地质剖面测量

设计地质剖面测量30km,根据现有的地质资料和本项目的任务,对以往实测剖面进行踏勘30km,对全省有新生代地层出露地区进行了野外踏勘,并采集了岩石标本。

(三)地质编图

根据收集的资料,编制了9幅1∶50万全省性编图及各盆地地层柱状图、沉积相图、岩相图等共计122张。

(四)岩矿试验

对采集的岩石标本按照设计要求分类,分别进行了化学全分析、微量元素、薄片制片和鉴定等试验。

(五)河南省钾盐成矿前景预测专题研究

查询收集钾盐的成矿规律和演化特征,对全省新生代盆地演化的最终阶段进行对比分析,寻找与钾盐共生的矿物组合,结合正在进行的叶舞凹陷普查,开展河南省新生代盆地钾盐找矿前景预测专题研究。

(六)河南省钻孔数据库建设

收集全省新生代盆地钻孔资料214个,分钻孔基本情况、钻孔地层分层厚度、矿层特征3个表建设数据库。

近两年来,项目组在河南省国土资源厅勘查处和研究院有关领导专家的指导下,组织研究人员共30余人进行了大量、扎实和深入的野外地质调查及研究工作,野外调查25处,观测典型剖面3条,采集分析各类样品100余件,编制各类图件122张(表1-1),超额完成了设计规定的实物工作量。

表 1-1 实物工作量统计表

项目	单位	设计工作量	完成工作量	完成比例(%)	备注
岩盐、天然碱资料收集	份	80	112	140	
地质剖面测量	km	30	30	100	收集踏勘
岩盐、天然碱地质编图(1:50万)	幅/张	7/56	9/122	128	
岩矿鉴定样	片			100	
岩矿测试样	个			100	
河南省钾盐专题研究	项	1	100	100	
数据库建设	项	1	100	100	

二、主要成果

通过近2年来河南省国土资源科学研究院项目组全体人员的努力和院领导及同行的鼎力相助,按设计要求完成了本次的任务,并取得了如下几点主要成果和认识。

(1)对河南省新生代地层进行了重新厘定:将省内大部分原属渐新世的地层划归晚始新世,如南襄盆地、周口坳陷原渐新统核桃园组上段—廖庄组划归晚始新世,相当于蔡家冲期。笔者认为省内大部分地区缺失渐新统;将南襄盆地、周口坳陷原上始新统核桃园组中、下段划归中始新世,相当于卢氏阶—垣曲阶;将济源盆地原属渐新世早中期的泽峪组、南姚组和丁庄组划归中晚始新世,与南襄盆地核桃园组对比;洛阳盆地陈宅沟组包含古新世地层。

(2)收集新生代盆地钻孔214个,分钻孔基本情况信息表、钻孔地层分层厚度、矿层特征3个表建设数据库,并编制了1:50万河南省钻孔分布图。

(3)通过对野外典型剖面和露头的观测,结合所收集的资料分析认为河南省最主要的成盐期为古近纪始新世晚期。除吴城盆地和泌阳凹陷含碱岩系外,李官桥盆地和板桥、太和寨凹陷古近系核桃园组的石膏,舞阳凹陷古近系核桃园组和东濮凹陷古近系沙河街组的石膏、岩盐,三门峡盆地古近系小安组、坡底组的石膏等均属此期。

(4)河南省新生代沉积凹陷(盆地)内岩盐、天然碱的成矿受气候、构造及沉积盆地演化阶段等多种因素的制约,深入研究凹陷(盆地)的岩相古地理特征是寻找盐类矿产的前提。

(5)总结了钾盐成矿条件,对国内钾盐典型矿床进行剖析,以泌阳凹陷为例分析了该凹陷没有形成工业钾盐矿床的可能,但是可能有钾盐矿物的存在。河南省新生代沉积盆地有的已经发现有钾盐(杂卤石)矿点、矿层或矿床,具有一定的钾盐找矿前景,还需要沉积盆地找盐和石油勘探资料的验证,钾盐找矿任重而道远。

(6)根据岩盐、天然碱矿产的分布规律、规模、新生代盆地成矿地质条件,将预测区分为A、B、C三类,舞阳凹陷、泌阳凹陷为A类预测区,濮阳凹陷为B类预测区,程官营凹陷等8个凹陷(盆地)为C类预测区。

(7)截至2010年底,河南省新生代沉积盆地中,查明的盐矿资源储量矿产地7处,累计查明盐矿资源储量矿物量 839 392.54×10⁴t,矿石量 966 352.09×10⁴t,保有资源储量矿物量

832 784.84×10^{4}t，矿石量 958 361.06×10^{4}t，本次预测岩盐矿资源储量共计矿石量 72 326 964×10^{4}t，矿物量 66 261 475×10^{4}t；查明的天然碱矿产地 2 处，累计查明天然碱矿物量 9751.86×10^{4}t，保有资源储量矿物量 8830.11×10^{4}t，本次预测天然碱资源储量共计矿石量 126 366.24×10^{4}t，矿物量 113 957.62×10^{4}t。2 种矿产资源潜力巨大。

(8)提出了河南省新生代沉积盆地岩盐、天然碱的勘查规划建议。应重点勘查舞阳凹陷、东濮凹陷岩盐及泌阳凹陷天然碱，同时兼顾程官营凹陷、元村凹陷、黄口凹陷、板桥盆地、洛阳盆地宜阳凹陷、鹿邑凹陷等岩盐、天然碱的预查；全省共划分叶县、舞阳县孟寨和濮阳 3 个岩盐开发规划区，泌阳凹陷的安棚天然碱矿和吴城盆地的吴城天然碱矿 2 个天然碱开发规划区。

第二章 工作部署

第一节 工作部署

一、工作部署原则

根据本次工作任务"在深入研究新生代沉积盆地地质特征及控矿作用的基础上,研究盆地内岩盐、天然碱成矿规律,预测岩盐、天然碱资源潜力,开展岩盐、天然碱勘查选区,从资源整体上研究河南省岩盐、天然碱资源分布和成矿条件,从应用发展上探讨岩盐、天然碱资源的合理利用途径,以便为河南省制订岩盐、天然碱业和相关盐碱化工业长远发展规划及合理布局提供资源基础资料。

本次工作遵循"全面部署,重点解剖,总结规律"的指导思想,工作部署遵循如下基本原则:

(1)工作中遵循"全面展开,重点解剖,由已知到未知"的原则,分层次部署各项工作。

(2)工作中加强综合研究,坚持调查与研究相结合的原则。

(3)综合运用 GIS、GPS、RS 等各种新的技术方法和勘查手段,通过对新生代沉积盆地基础地质资料、勘查资料的收集整理与分析研究,形成成果资料的数字化、信息化,总结规律性认识,提高项目的科技含量。

二、总体工作部署

本次工作以资料调查研究为主、勘查工作为辅的手段,在全面收集整理河南省新生代沉积盆地的地质、矿产勘查、物探等基础资料的基础上,开展全省新生代沉积盆地成盐特征对比研究,初步编制了新生代沉积盆地基础地质、矿产、物探等基础图件,筛选岩盐、天然碱成矿条件较好的新生代沉积盆地,部署适当的勘查工作进行重点解剖,总结河南省岩盐、天然碱矿分布规律,预测岩盐、天然碱的资源潜力。各项工作部署如下。

(一)资料收集

过去几十年的地质找矿工作中,众多的石油、地质等部门,对河南省内绝大多数盆地的地层、构造、含矿性进行了比较深入的研究,提出了各盆地的地层层序,划分了盆地构造单元,积累了丰富的古生物资料以及物探资料,全面收集整理前人工作资料是本次工作的重要内容,包括:

(1)新生代沉积盆地分布区 1∶20 万、1∶5 万区域地质调查资料。

(2)新生代沉积盆地盐类矿产、能源矿产调查与矿产勘查报告。

(3)新生代沉积盆地分布区重力、地震等物探测量成果。
(4)新生代沉积盆地钻探资料。
(5)综合研究报告。

通过对收集资料分析整理,填写资料收集整理卡片,包括河南省新生代沉积盆地基本特征表,河南省新生代沉积盆地矿产卡片,河南省新生代沉积盆地钻探、物探工作程度卡片等。

(二)系列编图

在资料收集整理综合分析的基础上,编制了河南省新生代沉积盆地系列图件。包括:
(1)河南省新生代沉积盆地与盆地矿产分布图(1∶50万)。
(2)河南省新生代沉积盆地地质工作程度图(1∶50万)。
(3)河南省新生代沉积盆地综合地层柱状图与岩盐、天然碱含矿岩系对比图。
(4)河南省新生代沉积盆地主要含盐岩系埋深等深线图(1∶50万)。
(5)河南省新生代沉积盆地主要含盐岩系厚度等值线图。
(6)河南省岩盐、天然碱成矿预测图(1∶50万)。
(7)河南省岩盐、天然碱矿勘查开发规划建议图(1∶50万)。
(8)河南省新生代沉积盆地重力异常图(1∶50万)。
(9)叶舞、濮阳、南阳等主要含盐盆地岩相图(1∶5万~1∶10万)。

(三)野外调研

通过对收集资料的初步分析,对筛选出的具有岩盐、天然碱成矿可能性的新生代沉积盆地进行进一步野外实际调查,对于具有地表露头的盆地地层,以层序地层学等现代地学理论为指导,开展1∶2000的地质剖面测量,系统而全面地收集岩相、地层沉积层序、地层结构、地层格架、海平面变化及古环境等野外资料,对不同盆地沉积环境、岩盐、天然碱矿成矿沉积环境进行对比研究。

(四)岩盐、天然碱地质基础资料数据库

建立了河南省岩盐、天然碱地质基础资料数据库,并利用MapGIS软件通过计算机绘制了全部报告附图。

(五)综合研究

对收集的各种地质、勘查资料进行综合分析和整理,运用现代沉积学的最新理论与方法——如层序地层学方法、岩相古地理构造古地理理论,研究沉积环境和沉积微相,研究岩盐、天然碱的成矿作用和富集规律,建立起岩盐、天然碱的找矿模型,对全省岩盐、天然碱矿找矿前景进行科学评价,利用GIS空间数据库系统和MapGIS软件对各种成果资料数字化、信息化,提交调查研究报告。

(六)河南省钾盐找矿前景预测专题研究

钾盐矿是我国的紧缺矿种之一,钾盐矿产的找矿工作一直备受重视,20世纪70年代,河南省石油、化工的地勘单位,在河南省开展以钾盐找矿为目的的找矿工作,虽然进展不大,但

也发现了一些找矿线索,如在舞阳凹陷的舞5井中发现有含钾硫酸盐矿物杂卤石,在三门峡凹陷的ZK3孔的岩石薄片鉴定中见有钾盐(?)-方硼石-天青石与石膏共生等,近年来随着找矿工作的深入,积累了丰富的钻探等资料。

本次河南省钾盐找矿前景预测专题研究将在充分收集整理已有盆地钻探资料的基础上,开展以下工作:

(1)沉积盆地岩相古地理研究。

(2)盆地演化与钾盐成矿研究。

(3)选择适当的钻孔,系统地进行岩矿鉴定和化学分析采样,开展微量元素分析,了解成矿元素以及成矿指示元素的分布,探讨钾盐成矿的前景。

(4)开展河南省钾盐找矿前景预测,提出进一步工作建议。

三、具体工作安排

2009年1—3月,收集资料,编写工作设计。

2009年4—5月,进一步收集相关资料,对收集的资料进行分析整理,开展全省新生代沉积盆地成盐特征对比研究,初步编制新生代沉积盆地基础地质、矿产、物探等基础图件。开展新生代沉积盆地地质特征与成矿作用研究。

2009年6—8月,筛选岩盐、天然碱成矿条件较好的新生代沉积盆地,进行重点解剖和野外调研工作。对省内岩盐、天然碱企业进行调研,对有关资料进行数字化处理,建立进行资源潜力预测的基础数据库。

2009年9—12月,整理资料,综合研究。编写工作报告,提交最终成果。

第二节　工作质量评述

本项目工作以资料调查研究为主,全面系统收集整理了河南省新生代沉积盆地的地质、矿产勘查、物探等基础资料,开展了全省新生代沉积盆地成盐特征对比研究,初步编制了新生代沉积盆地基础地质、矿产、物探等基础图件,筛选出岩盐、天然碱成矿条件较好的新生代沉积盆地,总结了河南省岩盐、天然碱矿分布规律,预测了岩盐、天然碱的资源潜力。

具体完成的各项工作如下。

(一)资料收集

本项目收集资料包括新生代沉积盆地分布区1:20万、1:5万区域地质调查资料,新生代沉积盆地盐类矿产、能源矿产调查与矿产勘查报告,新生代沉积盆地分布区重力、地震等物探测量成果,新生代沉积盆地钻探资料,综合研究报告等资料112份。对所收集的资料进行分类整理,填写资料收集整理卡片,严格执行当日检查、阶段检查制度。做到各类原始地质资料作业组自检、互检100%,项目负责人检查20%~30%,院技术部门抽检10%。各项检查要有记录。不合格资料不能用于报告编写。

(二)系列编图

在资料收集整理综合分析的基础上,编制河南省新生代沉积盆地系列图件122张。图件全部采用1954年北京坐标系统,采用MapGIS软件成图,底图采用现在河南省通用地理地质底图,能真实地反映现在的地理地质情况。

(三)野外调查

依据地质矿产勘查测量规范(GB/T 18341—2001)及全球定位系统(GPS)测量规范(GB/T 18341—2001),选择有代表性的地表露头进行剖面实测,平面系统采用1954年北京坐标系统,高程系统为1956年黄海高程系,中央子午线111°。本次踏勘测量剖面30km,每一处都严格遵循野外工作规范,详细进行野外记录,典型地质现象现场素描,照相200余张,取样150余块,能够满足项目本身的需要。

(四)河南省钻孔数据库建设

收集新生代盆地钻孔214个,填写新生代钻孔卡片214份,用Access 2000格式建设数据库,并将数据库中的钻孔编制成1:50万的河南省钻孔分布图。对所采集的数据,项目组人员进行100%的互检,确保数据准确无误。

总之,本次工作自始至终严格按照河南省国土资源科学研究院质量管理体系、相关规范、标准和项目设计书部署开展各项工作,以确保圆满完成各项工作任务。

第三章 河南省新生代沉积盆地地质概况

第一节 河南省新生代沉积盆地分布

河南省新生代沉积盆地(凹陷)分布广泛,总计28个,沉积盆地(凹陷)自西向东,由小到大排列(图3-1,附表1),其形态呈现各种不规则的形状,主要是盆地所处大地构造位置和基底性质影响盆地发育的边界条件。这种边界条件,随着时间上的发展和空间上的展布,在不同的阶段中是有变化的,其形态一般为长条状,也有矩形—不规则矩形、椭圆状,大多不具对称性。北带大致为北东、南西向,南带大致为北西、南东向。北带分布的主要盆地(凹陷)有:三门峡、卢氏、潭头、嵩县、伊川、大金店、济源、中牟、东濮、元村、汤阴、临汝等;南带有夏馆-高丘、李官桥、南阳、程官营(太和)凹陷、吴城、板桥、泌阳、周口、舞阳等。大型盆地(凹陷)分布在豫东北或豫东南,中小型的分布在豫西。总的看来,河南省新生代盆地的分布,具有东西、南北不同,构造特征以及沉积盆地的展布特征亦不尽相同,它们是"奠基"在不同性质的基底基础上,是新生构造作用对古构造"配置"的协调或不协调运动下的产物。

第二节 河南省新生代沉积盆地矿产

河南省新生代沉积盆地(凹陷)蕴藏着丰富的矿产资源(附表2),金属、非金属、能源矿产均有,能源矿产和化工、建材等非金属矿产占优势。在这些盆地中已找到的矿种有23种,即:煤、油页岩、石油、天然气、铀、古砂金、磷、岩盐、天然碱、石膏、钙芒硝、杂卤石、钙基膨润土、天青石和含凹凸棒石白垩土等(表3-1)。其矿床和矿(化)点总计92处。其中大型矿床7处,中型矿床5处,小型矿床11处,矿(化)点69处,大型矿床以化工和建材非金属矿产为主,有天然碱、岩盐等。中小型多为能源矿产,有煤、石油等。从已知资料分析,与盆地(凹陷)有关的贵金属、多金属化探异常有4个,异常元素以Au、Cu为主。

一、能源矿产

河南省与新生代沉积盆地有关的能源矿产计有煤、油页岩、石油、天然气和铀矿。

(一)煤

煤主要分布在豫西中小型山间断陷盆地内,成矿时代为新生代古近纪。在个别盆地,新近纪时期也见到。已知煤矿矿(化)点7处。

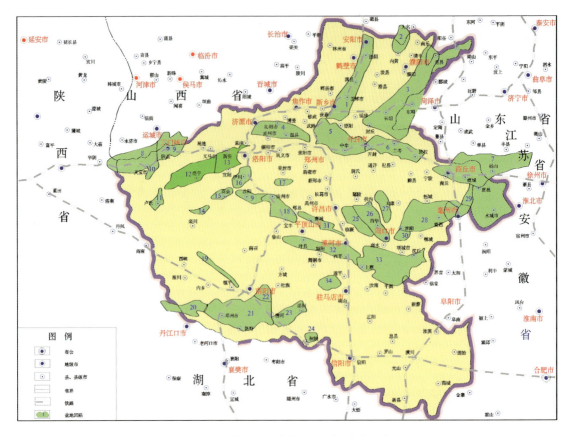

图 3-1　河南省新生代盆地(凹陷)分布示意图

1.汤阴盆地；2.元村凹陷；3.东明凹陷；4.济源凹陷；5.中牟凹陷；6.民权凹陷；7.黄口凹陷；8.灵宝凹陷；9.交口凹陷；10.五亩盆地；11.卢氏盆地；12.洛宁凹陷；13.宜阳凹陷；14.潭头盆地；15.嵩县盆地；16.伊川盆地；17.大金店盆地；18.临汝凹陷；19.夏馆-高丘盆地；20.李官桥盆地；21.南阳凹陷；22.程官营(太和)凹陷；23.泌阳凹陷；24.吴城盆地；25.巨陵凹陷；26.西华凹陷；27.逊姆口凹陷；28.鹿邑凹陷；29.颜集凹陷；30.新站社凹陷；31.襄城凹陷；32.舞阳凹陷；33.沈丘凹陷；34.板桥凹陷

(二)石油、天然气

河南省石油、天然气自20世纪50年代中期普查勘探以来,先后发现了南阳盆地、泌阳凹陷、东濮凹陷三大油气区,分别探明石油地质储量 1656×10^4 t、$18\,195\times10^4$ t、4.84×10^8 t,东濮凹陷探明天然气储量 396×10^8 m³。

(三)油页岩

河南省油页岩资源比较丰富,分布广泛,全省34个盆地(凹陷)中,18个有油页岩分布,主要分布在吴城及潭头盆地,其次是南阳、泌阳、舞阳、东濮、中牟、元村、交口、洛宁、板桥、太和、黄口等凹陷,以及五亩、卢氏、嵩县、伊川等盆地。总的分布特征是:豫西中小型盆地,油页岩地表多有出露,埋藏浅且多与煤线及薄煤层共生,除吴城、潭头盆地外,大多数盆地的油页岩层数少、厚度小、质量差,一般不具工业价值。而泌阳、南阳、舞阳、东濮、中牟等较大的凹陷,油页岩层数多、厚度大,多与石油、岩盐、天然碱、石膏共生,具有找矿前景,但埋藏深,质量不清。

表 3-1 河南省新生代沉积盆地(凹陷)矿产一览表

顺序号	盆地(凹陷)名称	矿产及编号	成矿时代	工作程度	备注
1	汤阴盆地	石膏(1、76)	$E+N$	普查	矿点
2	元村凹陷	石膏(2)、石油(3)、油页岩(4)	$E_2^2-E_3$	普查	矿点
3	东明凹陷	石膏(5)、石油(6)、天然气(7)、岩盐(8)、油页岩(9)、煤(10)、钙芒硝(11)	N_1、E_2-E_3	勘探	石油 4.84×10^8 t,天然气 396×10^8 m³
4	济源凹陷	石油(12)、石膏(13)	E_2、E_3	普查	矿点
5	中牟凹陷	油页岩(14)、煤(15)、石油(16)、石膏(17)	$E_2^2-E_3^3$	普查	矿点
6	民权凹陷			普查	
7	黄口凹陷	石膏(18)、石油(19)、油页岩(20)	E_2、E_3、J_3	普查	矿点
8	灵宝凹陷		E	普查	
9	交口凹陷	石膏(21)、油页岩(22)	E_2^2 E_2^3	详查	石膏中型
10	五亩盆地	煤(23)、油页岩(24)	E_2^1	普查	矿点
11	卢氏盆地	油页岩(25)、煤(26)、石膏(27)、古砂金(28)	$E_2^3-E_3$	普查-详查	矿点
12	洛宁凹陷	石膏(29)、油页岩(30)、煤(31)、铀矿(32)	N、E_2^3	普查	矿点
13	宜阳凹陷	砂岩铜矿(34)、石膏(33)	E_2^3	普查	矿(化)点
14	潭头盆地	油页岩(35)、煤(36)、石膏(5337)、古砂金(38)	N、E_2^3	普查-勘探	油页岩、小型
15	嵩县盆地	古砂金(39)、油页岩(40)、煤(41)	N、E_2	普查	矿点
16	伊川盆地	油页岩(42)	E_2^3	普查	矿点
17	大金店盆地			普查	
18	临汝凹陷	油页岩?(43)、石膏?(44)	E_2^3	普查	矿化点
19	夏馆-高丘盆地	含凹凸棒石白垩土(45)	N、K_1-K_2	普查	矿点
20	李官桥凹陷	天青石(46)、石膏(47)	$E_2^1-E_2^3$	详查	石膏,小型
21	南阳凹陷	石油(49)、油页岩(50)、石膏(51)、膨润土(52)	N、E_3、E_2、K_2	普查-勘探	石油$(1.35\sim1.68)\times10^8$ t
22	程官营(太和)凹陷	油页岩(53)、石膏(54)	E_2	普查	矿点
23	泌阳凹陷	膨润土(55)、石油(56)、天然气(57)、钙芒硝(58)、石膏(59)、天然碱(60)、油页岩(61)	N、E_3、E_2	普查-勘探	石膏 $42\,018\times10^4$ t,天然碱 6374×10^4 t,石油 $18\,195\times10^4$ t

续表 3-1

顺序号	盆地(凹陷)名称	矿产及编号	成矿时代	工作程度	备注
24	吴城盆地	油页岩(62)、天然碱(63)、岩盐(64)	E_2^3	勘探	油页岩 11 144.26×10⁴t,天然碱 3377.8×10⁴t,岩盐 1769.4×10⁴t,石油 0.1×10⁸t(预测)
25	巨陵凹陷			普查	
26	西华凹陷			普查	
27	逊姆口凹陷			普查	
28	鹿邑凹陷			普查	
29	颜集凹陷			普查	
30	新站社凹陷			普查	
31	襄城凹陷	石膏(65)、石油(66)	E_2^3	普查	石油 0.205×10⁸t(预测)
32	舞阳凹陷	岩盐(67)、杂卤石(68)、石膏(69)、油页岩(70)、石油(71)	E_2^3	普查-勘探	岩盐 83.94×10⁸t,石油 0.44×10⁸t
33	沈丘凹陷	石膏(72)	E_2^3	普查	
34	板桥凹陷	石油(73)、油页岩(74)、石膏(75)	$E_3 - E_2^3$	普查	石油 0.13×10⁸t(预测)

河南省形成于新生代的油页岩,主要成矿时代为古近纪,又以始新世晚期最重要。已探明储量的吴城、潭头油页岩和具有远景意义的泌阳、南阳、舞阳、东濮,以及交口、板桥、卢氏、洛宁、伊川、太和等盆地(凹陷)中的油页岩主要形成于始新世晚期。另外,油页岩形成于始新世早期的有五亩盆地,形成于始新世中期的有元村和东濮凹陷,形成于渐新世早期的有东濮、元村、黄口及中牟凹陷。

(四)铀矿

河南省境内新生代沉积盆地的主要含铀矿地层为新近系,主要分布于洛宁凹陷。

二、有色金属、贵金属及稀有元素矿产

与新生代沉积盆地有关的有色及贵金属矿产多为化探异常,形成矿床的仅有宜阳凹陷的含铜砂岩,稀有矿产可见天青石,仅在李官桥凹陷发现。

三、化工建材及其他非金属矿产

河南省新生代沉积盆地(凹陷)中已发现的化工、建材及其他非金属矿产计有天然碱、岩盐、石膏、钙芒硝、杂卤石、膨润土、地蜡、含凹凸棒石的白垩土。

(一)盐类矿产

盐类矿产包括天然碱、岩盐、石膏、钙芒硝、杂卤石。

1. 天然碱

天然碱仅分布于吴城盆地及泌阳凹陷中,均为大型矿床。成盐时代为古近纪,含矿层位:泌阳凹陷为核桃园组,吴城盆地为五里墩组。

2. 岩盐

岩盐分布于东濮凹陷、舞阳凹陷、吴城盆地内。成盐时代为古近纪,含矿层位:东濮凹陷为沙河街组,舞阳凹陷为核桃园组,吴城盆地为五里墩组。

3. 石膏

河南省石膏资源丰富,全省 34 个盆地(凹陷)中有 21 个石膏分布。主要分布在汤阴、东濮、元村、中牟、黄口、舞阳、襄城、沈丘、临汝、卢氏、潭头、交口、洛宁、板桥、泌阳、太和、南阳、李官桥、夏馆-高丘、济源、宜阳等盆地(凹陷)中。石膏最重要成盐期为古近纪始新世晚期,如舞阳、襄城、南阳、李官桥、沈丘、板桥、太和等凹陷的核桃园组,东濮、元村凹陷的沙河街组,交口凹陷的平陆群,宜阳、洛宁凹陷和临汝盆地的蟒川组,卢氏盆地的卢氏组,潭头盆地的潭头群及济源凹陷的泽峪组;始新世早期李官桥及舞阳凹陷玉皇顶组的含膏泥岩及泥质石膏,始新世中期李官桥、南阳和泌阳凹陷大仓房组的泥质石膏,黄口凹陷的汶口组、交口凹陷的坡底组、宜阳凹陷的陈宅沟组、元村凹陷的沙河街组;渐新世泌阳及南阳凹陷的廖庄组、中牟凹陷的沙河街组沙一段、沙二段、黄口凹陷的宋庄组。这些盆地(凹陷)中已探明储量的仅 3 处,大多由于规模较小,民采普遍。截至 2010 年底,查明资源储量(矿石量)43 388.7×10⁴ t。

4. 钙芒硝

钙芒硝在河南省分布很少,仅在泌阳凹陷、东濮凹陷局部发现少量。形成于古近纪始新世晚期及渐新世,尚没有查明资源储量。

5. 杂卤石

仅在舞阳凹陷舞 5 井中发现矿化,尚没有查明资源储量。

(二)膨润土

河南省新生代沉积盆地中产膨润土的有南阳盆地的南阳凹陷、泌阳凹陷。产出的膨润土是与正常碎屑沉积有关的钙基膨润土,产于南阳凹陷、泌阳凹陷边部的新近系泥砂岩中。

(三)地蜡

地蜡仅南阳凹陷有发现。南阳凹陷在魏岗油田地蜡与石油共生,为中型矿床。

(四)含凹凸棒石的白垩土

该矿在河南省及全国均属少见,位于夏馆-高丘盆地的东南端,柳泉铺到镇平县城中间,面积大于 $30 km^2$。

该矿赋存于新近系凤凰镇组的上部,其岩性主要为泥岩、砂岩、泥灰岩、膨润土及白垩土和少量砾岩,局部可见水平或波状层理。厚度各地不一,一般厚 100~200 m。

第四章 河南省新生代盆地地层

第一节 地层划分

河南省新生界分布广泛,分布于大大小小的盆地之中,厚达数千米,主要是一套陆相碎屑岩系。其中蕴藏着丰富的石油、天然气、岩盐、碱、石膏等矿藏。现就主要盆地分别介绍如下。

一、李官桥盆地

李官桥盆地处河南西南部,西至湖北省均县,东至淅川县南部,呈长条状北西西向展布。盆地内新生界主要为一套以红色为主的碎屑岩夹泥灰岩的巨厚岩系。对于该套地层,前人做了大量的研究工作,积累了丰富的资料。笔者根据前人研究成果,将新生界划分为古新统—下始新统玉皇顶组,中始新统大仓房组、核桃园组,新近系凤凰镇组(表4-1)。

表4-1 李官桥盆地古近系、新近系地层划分沿革表

李捷,朱森(1930)	河南省地质局石油队(1961)		地质部石油综合研究队(1962)	北京地质学院(1965)	河南油田(1971)	张仁杰(1974)	湖北地质研究所(1975)	周世全等(1975,1979)		曲新国,赵厚宏(1990)		本书	
第三系	范庄系	上第三系	上第三系	上第三系	上第三系	上寺组	上中新统	上寺组	上中新统	上寺组	凤凰镇组	凤凰镇组	新近系	凤凰镇组
		上寺组					上始新统		上始新统		渐新统	上寺组		
		下第三系	核桃园组	核桃园组	核桃园组	廖庄组核桃园组		核桃园组		核桃园组		核桃园组	中始新统	核桃园组
							中始新统		中始新统		上始新统			
		大仓房组	大仓房组	下白垩统	大仓房组	大仓房组	大仓房组	中始新统	大仓房组	中始新统	大仓房组	大仓房组		大仓房组
											下始新统		下始新统	
	白垩系	玉皇顶组	玉皇顶组		玉皇顶组	玉皇顶组	下始新统	玉皇顶组	早始新统	玉皇顶组	玉皇顶组	玉皇顶组		玉皇顶组
											古新统?上白垩统	白营组	古新统	白营组
												胡岗组		寺沟组
											上白垩统	上白垩统		寺沟组

（一）玉皇顶组（Ey）

该组系河南省地质局1962年所建，正层型剖面位于湖北省均县温家坪—河南淅川仓房石庙，分布于盆地南部的玉皇顶、贾家寨、石鼓关、指甲山一带，呈南东-北西向展布，与下伏寺沟组整合接触，厚度约160～700m。下部为灰黄色、浅灰色粉砂质泥岩、钙质砂质泥岩夹细砂岩，局部夹砂砾岩；中部为灰白色、灰色、浅红色泥灰岩；上部为灰白色泥灰岩与灰色、棕褐色、灰绿色粉砂质泥岩。

据资料记载，该组地层中产古脊椎：*Heterocoryphodon flerowi*，*Asiocoryphodon conicus*，*A. lophodontus*，*Manteodon flerowi*，*Gobiatherium* sp.，*Zhongyuanus xichuanensis*，*Eurymylidae*；腹足类：*Aplexa lubrica*，*A. breviturrita*，*A. xichuanensis*，*Australorbis pseudoammonius junxianensis*，*A. pseudoammonius*，*A. odhneri*，*Physa yuanchuensis*，*P. scitula*，*Amnicola pervia*；介形虫：*Cypris decaryi*，*C. xichuanensis*，*C.* cf. *favosa*，*Darwinula cylindrica*，*Eucypris subtriangularis*；轮藻：*Harrisichara* sp.；孢粉：*Rhoipites*，*Euphorbiacites*，*Meliaceoidites*，*Rutaceoipollis*，*Araliaceoipollenites* 等古生物化石。时代为早始新世。

（二）大仓房组（Ed）

该组系河南省地质局石油队1961年所建，沿玉皇顶组分布区以北呈东西向带状分布，东自丹江滨，向西经大仓房、范家庄一直延伸到湖北省均县境内，厚度逾千米。与玉皇顶组整合接触。颜色以红褐色为主，含石膏，自下而上由粗变细，主要为灰白色、浅灰色、棕红色、红褐色含砾砂岩、砂质黏土岩、砂砾岩、含膏黏土岩，夹薄层粉砂岩、膏泥岩、钙质膏泥岩及石膏层、灰白色泥灰岩等。产古脊椎：*Rodentia*，*Crocadytia*，*Carnivora*，*Mesonychidae*，*Euryodon minimus*，*Palaeosyops* sp.，*Lophialetes* sp.；腹足类：*Valvata fragilis*；介形类：*Candoniella albicans*，*C. suzini*，*Eucypris* sp.化石。时代为中始新世。

（三）核桃园组（Eh）

该组系河南省地质局石油队1961年所建，分布于李官桥盆地北部的核桃园—大仓房—上寺一带及丹江滨岸，呈东西向带状展布，出露面积比大仓房组小，与大仓房组连续沉积。下部为灰白色、灰绿色钙质泥岩夹泥灰岩。产腹足类：*Planorbis* sp.；介形类：*Cyprinotus macronefandus*，*C. igneus*，*Pseudoeucypris* sp.，*Eucypris* sp.，*Cyprois* sp.；脊椎动物：*Sinohadrianus sichuanensis*，*Pristichampus* cf. *rollinati*，*Sciuravus* sp.，*Miacis* sff. *invictus*，*Sionpa* sp.，*Tritemnodon* sp.，*Andrewsarchus* sp.，*Sianodon* sp.，*Chungchienia sichuanensis*，*Protitan* sp.，*Colodon* sp.，*Prohyracodon* sp.，*Depertella* sp.，*Teleolophus* cf. *medius*，*Lophialetes expeditus*，*L.* cf. *minutus*，*Prolaena parva*。中部为灰白色泥灰岩、钙质泥岩。产腹足类：*Sinoplanorbis cinensis*，*Hippeutis lushiensis*，*Aplexa lubrica*，*Planorbis* sp.；介形类：*Cypris decaryi*，*C. favosa*，*Cypriotus* cf. *parametes*，*Cyclocypris glacilis*，*C. hanjiangensis*，*Candoniella suzini*，*C. albicans*，*Eucypris stangnalis*；脊椎动物：*Tinosaurus lushiensis*，*Tsinlingomys youngi* 化石。上部为褐红色、灰绿色泥岩夹灰白色泥灰岩和薄层砾岩。

（四）凤凰镇组（Nf）

该组系周世全等于1979年所建，命名地点在河南省淅川县凤凰镇，分布于大仓房以东丹江两岸的核桃园、凤凰镇等地，大致可分为下、中、上3层。下部为灰色、灰黑色砾岩；中部为浅灰色、黄色含钙泥岩、粉砂岩夹砾岩；上部为灰白色薄层及中层泥岩与钙质泥岩互层。化石稀少，仅上部泥灰岩发现脊椎动物 *Gazella gaudryi*。

二、南襄盆地

南襄盆地位于豫、鄂边境处，是燕山运动后期在秦岭-淮阳褶皱带中段古老基底上形成的中—新生代沉积盆地，总面积约 17 000km^2。盆地内古近系发育良好，化石丰富，岩性以灰色、杂色泥岩与砂岩互层为主，夹少量碳酸盐岩、油页岩、石膏、碱，厚度约 3000～6000m。

由于盆地内地层结构、岩性组合与李官桥盆地露头区相似，又同处于一个坳陷级构造单元内，在石油勘探初期即采用了李官桥盆地的地层命名系统，本书亦遵循这一方案（表4-2）。

表4-2 南襄盆地古近系、新近系地层划分沿革表

河南省地质局石油队(1961)	石油工业部(1970)	河南油田(1971)	周世全等(1975,1979)	徐世琯(1979)	张师本(1993)	本书	
上第三系	上第三系	上第三系（上寺组）	凤凰镇组	上第三系 凤凰镇组	凤凰镇组	新近系	凤凰镇组
下白垩统	下第三系 核桃园组	下第三系 核桃园组	廖庄组 核桃园组	渐新统 廖庄组	渐新统 谬庄组	始新统	廖庄组
			上始新统	上始新统 核桃园组 上中下	上始新统 核桃园组 上中下		核桃园组 上中下
	大仓房组	大仓房组	中始新统 大仓房组	中始新统	中始新统		大仓房组
			下始新统 玉皇顶组	下始新统 玉皇顶组	下始新统 玉皇顶组	古新统	玉皇顶组
	玉皇顶组	玉皇顶组	古新统? 上白垩统	白营组 胡岗组	古新统	上白垩统	白营组
				上白垩统	上白垩统 寺沟组		寺沟组

（一）玉皇顶组（Ey）

据地震资料推测，盆地内玉皇顶组广泛发育，但埋藏较深，仅部分探井钻遇。如枣阳凹陷的枣1井、枣4井，襄阳凹陷的襄2井，南阳凹陷的南1井、魏40井，泌阳凹陷的泌深1井。其岩性为浅棕紫色、灰紫色砾状砂岩、含砾砂岩与棕紫色、棕红色泥岩、含砾泥岩、砂质泥岩互层，组成多个次级韵律。每个小韵律厚度为 10～30m,其间夹少量浅灰色灰岩、浅紫色泥灰岩、钙质砂岩。产介形类:*Cyprinotus speciosus*, *C. symmetricus*, *Cypris decaryi*, *Candona* sp., *Eucypris arcuata*, *Cyclocypris* sp.;轮藻:*Obtusochara jianglingensis*, *O. mitella*, *O. subcylindrica*, *Nemegtichara prima*, *Grovesichara changzhouensis*, *Gyrogona qianjiangica*, *Gobichara tenera*, *Sphaerochara parvula*;孢粉:*Quercoidites*-*Ulmipollenites minor*-*Labitricolpites*-*Rhoipites* 组合化石。

(二)大仓房组(Ed)

该组分布范围与玉皇顶组相同,在各凹陷内均有若干口探井钻遇,多数未能钻穿。其为一套红色含石膏的砂岩、泥岩岩系,分上、下两段。

下段:下部为棕紫色泥岩夹灰绿色、肉红色泥岩、肉红色粉砂质泥岩;上部为棕红色泥岩偶夹深灰色泥岩、肉红色粉砂质泥岩。

上段:下部为棕红色泥岩夹多层浅灰色、深灰色泥岩,浅灰色钙质泥岩,少量肉红色粉砂岩;上部为深灰色、棕红色泥岩,泥白云岩,钙质泥岩,钙质粉砂岩。

整体来看,本组下部以红色岩类为主,不夹或少夹灰色岩类。随着层位的升高,灰色岩类夹层逐渐增多,逐渐过渡为核桃园组以暗色岩类为主的地层。产介形类:*Cyprinotus* cf. *macronefandus*, *C. cuneatus*, *C. erraticus*, *C. minor*, *C. projectus*, *C. curtus*, *Tuberocypris zhongguoensis*, *Eucypris pengzhenensis*;轮藻:*Gyrogona qianjiangica*, *Nemegtichara*, *N. prima stena*, *Obtusochara brevis*, *O. brevicylindrica*, *O. breviovalis*, *O. pingshiensis*, *O. jianglingensis*, *Grovesichara sinensis*, *Sphaerochara parva*, *Maedlerisphaera chinensis* 化石;孢粉:*Ephedripites*-*Meliaceoidites*-*Ulmipollenites* 组合化石。

(三)核桃园组(Eh)

核桃园组是石油、碱矿赋存的主要层位,也是南襄盆地分布最广、厚度最大的一个地层单位。与下伏大仓房组连续沉积,分上、中、下3段。

下段:下部为深灰色泥岩夹灰色、浅灰色粉砂岩及泥质白云岩、白云岩,有时底部夹棕红色、紫红色泥岩、页岩;上部为深灰色泥岩夹灰色、灰黄色、褐色粉砂岩、细砂岩、泥白云岩、白云岩。产介形虫:*Cyprinotus macronelandus*, *C. formalis*, *C. igneus*, *C. jingheensis*, *C. lenis*, *C. minor*, *C. prllucida*, *C. posterocyclicus*, *C. ruralis*, *C. subaltilis*, *C. pellucida*, *C. subelliptica*, *C. subformlis*, *C. jintanensis*, *Cyprois magnus*, *C. nanyangensis*, *C. albicans*, *Candona spissa*, *Eucypris contracta*, *E. pengzhenensis*, *E. quadrata*, *Ilyocypris cornea*, *I. sublevis*, *I. tuberosus*, *I. errabundis*, *I. manasensis* var. *confragsa*, *Paracodona euplectella*;轮藻:*Charites jinjiangchangensis*, *C. producta*, *C. subglobula*, *Croftiella subsphaera*, *Gyrogona qianjiangica*, *Grovesichara sinensis*, *Harrisichara yunlongensis*, *Nemegtichara prima*, *N. primastena*, *Obtusochara brevis*, *O. brevicylindrica*, *O. subcylindrica*, *O. breviovalis*, *O. pingshiensis*, *Pseudolatochara shashiensis*, *Rhabdochara kisgyonensis*, *R. stokmansi*, *Reskyaechara xiangchengensis*, *Sphaerochara parvula*, *Stephanochara globula*, *S. rara*, *Maedlerisphaera chinensis*;孢粉:*Pinaceae*-*Ulmipollenites*-*Quercoidites* 组合化石。

中段:下部为深灰色泥岩夹灰色细砂岩;中、上部为灰色、浅灰色泥岩夹同色细砂岩、中砂岩、钙质砂岩、白云岩、褐色油页岩、深灰色页岩。产 *Taxodiaceaepollenites - Quercoidites - Ulmipollenites* 组合孢粉化石,轮藻、介形虫化石与下段相同。

上段:下部为浅灰色、灰色泥岩夹细砂岩、中砂岩、褐色油页岩。上部为浅灰色、灰色泥岩夹灰色细砂岩、灰白色粉砂岩、棕红色粉砂质泥岩,有时夹粗砂岩。产介形类:*Candona spissa*,*Cyprinotus altilis*,*C. aptus*,*C.* cf. *formalis*,*C. jingheensis*,*C. subxiaozhuangensis*,*C. xiaozhuangensis*,*C. liaozhuangensis*,*C. subellipticus*,*Cyprois nanyangensis*,*Cypris exornatus*,*C. favosa*,*C. decaryi*,*Ilyocypris cornae*,*I. errabandis*,*I. manasensis* var. *cofragosa*,*Prinocypris* sp.;轮藻:*Charites producta*,*C. elliptica*,*C. linyingensis*,*C. jinjiachangensis*,*C. columinaria*,*C. enodata*,*C. molassica*,*C. subglobula*,*Croftiella piriformis*,*Dongmingochara rarituberculata*,*Grambastichara straubii*,*G. ambiliovata*,*Gyrogona qianjiangica*,*Hornichara xinzhenensis*,*Harrisichara yunlongensis*,*Nemegtichara prima*,*Obtusochara subcylindrica*,*Grovesichara sinensis*,*Pseudolatochara shashiensis*,*Rhabdochara stomansi*,*Sphaerochara rugulosa*,*S. parvula*,*Maedlerisphaera chinensis* 化石;孢粉:*Pinaceae - Ephedripites - Ulmipollenites - Quercoidites* 组合化石。

核桃园组沉积期,由于古地貌和物源条件不同,各凹陷间和凹陷内不同构造位置的岩相、岩性亦不同。白云岩、天然碱主要分布在泌阳凹陷核桃园组下段上部至中段中、下部,南阳凹陷则不发育。在泌阳凹陷深凹陷部位的深湖湘、较深湖相深灰色、灰色、灰绿色砂、泥岩互层碎屑岩系中基本不见红色岩类夹层,而白云岩、天然碱发育,至斜坡地带仅在上部有少量棕红色泥岩夹层,处于湖盆边缘的滨湖相则广夹红色、紫色岩类。

(四)廖庄组(El)

廖庄组一名为河南油田所建,建组剖面为南阳凹陷廖庄构造上的南 1 井 856.3～1149.5m,在南阳凹陷、泌阳凹陷、襄阳凹陷、枣阳凹陷普遍钻遇,其分布局限于凹陷较深部位及深凹陷的斜坡地带,泌阳凹陷、南阳凹陷的北部边缘均未见及。

本组岩性以红色粗粒为特征,一般为棕红色泥岩,粉砂岩,杂色、灰黄色砾岩,砂砾岩,砂岩。随着相带的不同,岩性变化很大。泌阳凹陷泌 1 井廖庄组属浅湖-滨湖相沉积,岩性明显偏细,为砂岩、泥岩、粉砂岩,未见砾岩和含砾砂岩,以暗色岩较多。南阳凹陷南 1 井的廖庄组则以棕红色岩类为主,为砂岩、泥岩、砂砾岩地层,属滨湖-河流相。南 25 井为棕色、棕红色泥岩夹大量砾岩、砂岩,属河流相沉积。

廖庄组红色粗粒岩系与下伏核桃园组整合接触,上被新近系凤凰镇组不整合覆盖。产 *Ephedripites - Meliaceoidites - Rutaceoipollis - Deltoidospora - Pterisisporites* 组合孢粉化石;介形虫、轮藻化石与下伏核桃园组上段面貌、性质相同。

(五)凤凰镇组(Nf)

凤凰镇组系周世全等于1979年所建,用以代表李官桥盆地露头区的新近系,而废弃原来的上寺组一名。该组在全区普遍钻遇,厚70～800m,成岩性较差,多为松散状砂岩和黏土层,有时夹灰白色钙质泥岩、薄层泥灰岩。岩性为棕黄色、灰绿色粉砂质泥岩,粉砂岩及砂砾岩。与下伏地层呈角度不整合接触。化石稀少。

三、周口坳陷

周口坳陷地处河南中、东部,总面积 34 700 km²。西至襄城、叶县,东至安徽西部界首、太和、亳县(现为安徽省亳州市区)一带,南、北以长山隆起和太康隆起为界,近东西向展布。其内部的临颍-郸城凸起、平舆-太和凸起将其分为南、中、北 3 个凹陷带。20 世纪 80 年代以前,地质工作主要集中在坳陷的东部安徽所辖地区,钻井仅揭示了新生界下部地层;20 世纪 80 年代开始,河南石油勘探局进行了大规模的石油勘探工作,基本查明各凹陷新生界发育程度和展布规律。区内舞阳、襄城凹陷新生界发育最全,古近系与南襄盆地同层位的地层结构、岩相岩性及产出动植物化石的面貌基本相似,沿用南阳地层区古近系的地层名称(表 4-3),由下至上划分玉皇顶组、大仓房组、核桃园组、廖庄组。坳陷东部沈丘、鹿邑、倪丘集等凹陷古近系也沿用前人意见,由下至上分为古新统—下始新统双浮组、中始新统界首组。区内新近系与华北坳陷区相同,分下部馆陶组,上部明化镇组,上被第四系覆盖(表 4-3)。

表 4-3 周口坳陷新生界岩石地层单位

地层		舞阳凹陷	襄城凹陷	谭庄凹陷	沈丘凹陷	鹿邑、倪丘集凹陷
地层代号		Q	Q	Q	Q	Q
上新世		明化镇组	明化镇组	明化镇组	明化镇组	明化镇组
中新世		馆陶组	馆陶组	馆陶组	馆陶组	馆陶组
始新统	上统	廖庄组	廖庄组	廖庄组		
	中统	核桃园组 上段 / 中段 / 下段	核桃园组 上段 / 中段 / 下段	核桃园组 上段 / 中段 / 下段		
	下统	大仓房组	大仓房组		界首组	界首组
		玉皇顶组	玉皇顶组		双浮组 上段 / 下段	双浮组 上段 / 下段
古新统						
下伏		寒武系	二叠系	下白垩统	下白垩统	古生界、中生界

(一)玉皇顶组(Ey)/双浮组(Es)

玉皇顶组仅在舞阳凹陷舞 10 井钻遇,岩性复杂,粗细相间,为杂色-灰白色砾岩、细砂岩、含砾砂岩、灰色细砂岩、棕色泥质粉砂岩、紫色泥岩、灰色白云岩、泥质白云岩互层,偶夹含膏泥岩。见有数量不等的介形类化石,主要属种包括 *Sinodarwinula guanzhuangensis*, *Sinocypris reticulata*, *Cyclocypris rostracta*, *Cypris henanensis*, *Eucypris subtriangulata*, *Paracnadona eupectella* 等;下部孢粉化石丰富,见 *Querciidites*, *Ulmipollenites*, *Celtispollenites*, *Rhoipites*, *Euphorbiacites*, *Meliaceoidites*, *Araliaceoipollenites*, *Deltoidospora* 等。时代为早始新世。舞 10 井位于凹陷的斜坡带,玉皇顶组岩性较粗,在凹陷边缘往往缺失,在深凹部位可

能变细,厚度加大。根据地震剖面推测,该组分布于舞阳、襄城凹陷。

双浮组系原安徽石油勘探处 1975 年所建,命名地点在安徽省界首县双浮集,建组剖面为倪丘集凹陷阜深 2 井 1618～2859m。分布于新桥、临泉、沈丘、倪丘集等凹陷,钻遇厚度逾千米。岩性单调,为棕色、棕褐色泥岩、粉砂岩、细砂岩互层,分上、下两段。

下段:岩性较细,为泥岩夹少量细砂岩、粉砂岩。下部一般以粗碎屑岩夹砂质泥岩或杂色角砾岩与白垩系或二叠系不整合接触,泥岩颜色以灰紫色、褐色为主,产 *Pentapollenites - Ulmipollenites minor - Ulmoideipites - Plicapollis* 组合孢粉化石。上部泥岩以棕色、深棕色为主。产介形虫:*Cypris decadryi*, *Sinocypris multipuncta*, *S.* sp., *Eucypris subtriangularis*, *Metacypris* sp., *Cyprinotus* sp.;轮藻:*Gyrogona qianjiangica*, *G. quanjiangica var. altilis*, *Gobichara deserta*, *Peckichara subsphaerica*, *P. gemma*, *Harrisichara yunlongensis*, *Rhabdochara kisgyonensis* 等;孢粉:*Pinaceae - Ephedripites - Ulmipollenites minor - Plicapollis* 组合化石。

上段:岩性较下段粗,为棕色、棕红色泥岩夹多层灰色细砂岩。泥岩颜色自下而上逐渐变浅,由下部的棕色、深棕色逐渐变为上部的以棕红色为主。产介形类:*Sinocypris excelsa*, *Cypris decaryi*, *Limnocythere hubeiensis*;轮藻:*Neochara huananensis*, *N. laianensis*, *N. wangi*, *N. rhabdophora*, *N. sinuolata*, *N. albicans*, *Grovesichara changzhouensis*, *Obtusochara longicoluminaria*, *Stephanochara fortis*, *Hornichara jintanensis*, *Obtusochara longicoluminaria*, *O. brevicylindrica*, *O. elliptica*;孢粉:*Ulmipollenites minor*, *Quercoidites*, *Ephedripites*, *Pinuspollenites*;孢粉:*Quercoidites - Ulmipollenites minor - Labitricolpites - Rhoipites* 组合化石。

(二)大仓房组(Ed)/界首组(Ej)

大仓房组分布于舞阳、襄城凹陷,在凹陷的斜坡部位往往缺失,如舞 10 井核桃园组直接超覆于玉皇顶组之上,襄 5 井、新襄 6 井核桃园组超覆于石盒子组之上。仅 4 口井钻遇该套地层,岩性以灰白色细砂岩、粉砂岩、含砾砂岩为主,夹棕红色泥岩、粉砂质泥岩,与玉皇顶组呈整合接触。产轮藻:*Gyrogona qianjiangica*, *Pseudolatochara globula*, *Obtusochara brevis*, *O. jianglingensis*, *Maedlersphaera chinensis*, *Grovesichara sinensis*, *Obtusochara elliptica*, *O. manyangensis*;介形类:*Cyprinotus nefandus*, *C. macronefandus*, *C. igneud* 等微体古生物化石。

界首组系《华东区域地层表》编表组 1978 年所建,建组剖面在阜深 1 井 1660.5～2552m。分布于沈丘凹陷、新桥凹陷和倪丘集凹陷。于河南项城、安徽太和、界首等地钻遇。为一套棕色、棕红色砂、泥岩系,厚度百米至千余米,与下伏地层整合或平行不整合接触,与其上的馆陶组呈不整合接触。该组在凹陷较深地区发育较好,斜坡带往往缺失,如沈丘凹陷的周参 10 井、周 25 井新近系直接覆盖在双浮组之上。该组上部为灰紫色泥岩与棕红色泥质粉砂岩、粉砂质泥岩互层,中、下部为灰紫色泥岩、棕红色砂质泥岩、粉砂质泥岩与灰白色、灰黄色、棕红色粉砂岩、砂粒岩、含砾不等砾砂岩互层。产轮藻:*Gyrogona qianjiangica*, *Maedlersphaera chinensis*, *Croftiella* sp., *Rhabdochara stockmansi*, *Sphaerochara rugulosa*, *S.* sp., *Hornichara paralagenalis* 及孢粉化石。

(三)核桃园组(Eh)

该组分布于周口坳陷西部的舞阳凹陷、襄城凹陷、谭庄凹陷,为一套以湖相暗色泥岩为主的含膏、盐砂泥岩系,依岩性划分上、中、下3段。

下段:下部为棕色、棕红色泥岩、粉砂质泥岩与粉砂岩、细砂岩不等厚互层;中部为灰色、紫色、棕红色泥岩,细砂岩互层,夹少量灰色白垩岩、白垩质含砾砂岩;上部为灰色、紫色、棕红色泥岩,砂质泥岩,广夹杂色、灰白色含砾砂岩,白垩岩,白垩质含砾砂岩。产介形虫:*Cyprinotus (Heterocypris) macronelandus*, *C.（H.）igneus*, *C.（H.）formalis* Schneider, *C.（Cyprinotus）altilis*, *Cypris favosa* Ye, *Eucypris pengzhenensis* Li, *Ilyocypris manosensis* var. *confragosa* Mandelstam 等;轮藻:*Gyrogona qianjiangica*, *Grovesichara sinensis*, *Croftiella substenoformis*, *C. subsphaerica*, *Stephanochara cuneoformis*, *S. orientalis*, *Obtusochara brevicylindrica*, *O. subcylindrica*, *Rhabdochara kisgyonensis* 等;孢粉:*Pinaceae - Ulmipollenites - Quercoidites* 组合微体古生物化石。

中段:灰色、深灰色、棕紫色泥岩夹浅灰色粉砂岩、杂色砾状砂岩、泥质白云岩和油页岩。普遍含膏岩,且由下往上逐渐增加,上部膏泥岩和膏盐岩发育,与泥岩呈互层。产与下段相同面貌的介形虫、轮藻化石以及 *Taxodiaceaepollenites - Quercoidites - Ulmipollenites* 组合的孢粉化石。

上段:灰白色盐岩、膏岩、膏盐岩夹灰色泥岩、褐色油页岩。产介形虫:*Ilyocypris errabundis*, *Candona spissa*, *Candoniella albicans*, *C. marcida*, *Cyprinotus（Cyprinotus）xiaozhuangensis* Li Y. P. et Ge Y. S., *C.（C.）liaozhuangensis* Zhang, *C. altilis*, *C. sublliptica*, *Cyprois nanyangensis*, *C. zhanggangensis*, *Chenocythere carnosa* Shan H. G. et Li L. L., *Guangbeinia grandis* Zhang 等;轮藻:*Charites producta*, *C. elliptica*, *C. subconica*, *C. linyingensis*, *C. paraproducta*, *C. pingshiensis*, *Hornichara fangxianensis*, *H. lagenalis*, *Sphaerochara incospicua*, *S. parvula*, *Maedlerisphaera chinensis*, *Croftiella piriformis*, *C. zhangjuheensis*, *C. coniovatiformis*, *C. longiformis*, *Stephanochara globula*, *S. breviovalis*, *S. elliptica*, *Dongmingochara calida*, *D. rarituberculata* 等;孢粉:*Pinaceae - Ephedripites - Ulmipollenites - Quercoidites* 组合化石。

由于古地貌和物源条件的差异以及沉降期的先后次序,各凹陷含石膏、盐的丰度、岩性组合均有明显差异。舞阳凹陷以暗色泥岩为主,膏、盐主要分布于核桃园组上段,储量最大,砂质岩相对集中分布于核桃园组中段;襄城凹陷以大套暗色泥岩为主,砂质岩整体比例很低,自下而上逐渐增多,膏、盐层多分布于核桃园组下段,积累厚度比舞阳凹陷大幅度减少;谭庄凹陷泥质岩类发育,其中深灰色泥岩多分布于中段及上段下部,其他层段泥岩多为紫色、暗紫色及杂色,砂质岩不发育。

(四)廖庄组(El)

廖庄组的分布范围与核桃园组大致相同,以红色粗粒碎屑岩与下伏核桃园组灰色细粒岩系相区别。岩组下部为紫色泥岩、淡黄色、灰白色砾状砂岩互层;上部为灰黄色、灰白色砾状砂岩,含砾砂岩,粉砂岩,细砂岩与棕色、淡黄色泥岩互层,局部夹灰绿色泥岩。与上覆馆陶组不整合接触。产 *Ephedripites - Meliaceoidites - Rutaceoipollis - Deltoidospora - Pterisis-*

porites 组合孢粉化石；轮藻、介形虫化石性质和面貌与下伏核桃园组上段一致。

舞阳凹陷、襄城凹陷、谭庄凹陷均为箕状断陷型，近断层一侧为沉降中心部位，岩性较细，色较暗，棕红色与灰色相间，而远断层一侧斜坡地带，岩性较粗，颜色较红。由于后期的构造抬升，廖庄组遭受不同程度的剥蚀，残留厚度在不同地区相差很大，有的地区残留很薄，如临颖附近的襄5井仅厚91m；有的甚至剥蚀殆尽（如襄参3井），馆陶组直接超覆于核桃园组之上。

（五）馆陶组（Ng）

该组分布于周口坳陷各个凹陷和凸起上，于襄城、临颖、叶县、舞阳、遂平、商水、项城、淮阳、郸城、鹿邑、拓城和安徽的界首、太和等地普遍钻遇。岩性分上、下两段。

下段：上部岩性较细，以泥岩为主。多为浅棕色，成岩稍好，但远不及古近系；中下部岩性粗，杂色、疏松，以砂岩和砂砾岩为主。产 Ulmipollenites undulosus - Betulaepollenites - Polypodiaceaesporites - Ceratopteris 组合孢粉化石。

上段：为灰色、灰绿色粉砂岩与浅棕色；下部夹灰绿色泥岩，泥岩成岩差，易吸水，砂质岩疏松。介形虫仅见 Limnocythere cincture, Candona sp., 轮藻见 Charites molassica, Hornichara kasakstanica, H. lagenalis, Sphaerochara parvula, Amblyochara subeiensis, Lychnothamnites yanchengensis, Maedlerisphaera primoskensis, Nitellopsis (Tectochara) globula, N. (T.) elliptica 等。

（六）明化镇组（Nm）

该组分布范围及钻遇地点与馆陶组相同。本组岩性疏松，成岩性差，常呈松散的砂层及软泥，可分为上、下两段。下段黏土以绿灰色、黄灰色为主，少量浅棕色，砂层以浅灰色为主；产 Keteleeriaepollenites - Artmisiaepollenites 组合孢粉化石。上段黏土均为浅黄棕色，砂层以灰白，浅灰色为主，固结程度较下段差；产 Ilyocypris tongshangensis, Cyprinotus chiuhsiensis 介形虫化石；轮藻化石面貌与下伏馆陶组相同。

四、吴城盆地

吴城盆地位于河南省南部桐柏县境内，西起于桐柏县城，东止于淮河店，北到朱庄一带。盆地东西长32km，南北宽14km，略呈椭圆形，面积约265km²，是一个东西向构造的闭合断陷盆地。盆地连续沉积了厚为2000余米的新生界陆相碎屑岩-蒸发岩。岩石地层分别为古近系毛家坡组、李士沟组、五里墩组，新近系尹庄组、第四系（表4-4）。

（一）毛家坡组（Em）

该组系河南省地质局区域地质测量队所建，正层型剖面位于桐柏县固始镇李士沟村北。主要出露于盆地西、北、东缘，地表露头见于毛家坡—泉水庄—拐沟—李士沟一带。岩性单调，下部以砾岩为主，上部为砂砾岩、含砾砂岩和砂质泥岩，以棕红色及砖红色为主，砾岩、砂砾岩胶结不紧，砾石成分因地而异，有片麻岩、片岩和花岗岩等。砾石大小不等，磨圆度较差，多呈棱角状或次棱角状。与下伏元古宇呈角度不整合接触，厚度变化大，盆地东部李士沟一带厚约60m，向西于泉水庄附近约140m处。在盆地西北部毛家坡、十里铺一带厚度逾千米，岩性也比其他地点更粗。在上部棕红色粉砂岩中产哺乳动物化石 Deparella sp., Sinohadrianus sp.。

表 4-4 吴城盆地古近系、新近系地层划分沿革表

河南省地质局区测队(1968)	河南省地质局第十二队(1973)	中南地区区域地层编写组(1974)	河南省地质局地质研究所(1975)	刘永安、孔昭震(1976)	中南地质研究所(1976)	高玉(1979)	李旗沛(1982)	曲新国,赵厚宏(1990)	河南地矿厅(1997)	本书
Q	Q	Q	Q	Q	Q	Q	Q	Q	Q	Q
上第三系	上第三系	上第三系	上第三系	上第三系	上第三系	上第三系	上第三系	上第三系	上第三系／尹庄组	新近系／尹庄组
下第三系／吴城群／五里墩组／李士沟组／毛家坡组	五里墩组(上段/中段/下段)／李士沟组(上段/下段)／毛家坡组	渐新统／五里墩组／始新统／李士沟组(上段/下段)／毛家坡组	五里墩组／始新统／李士沟组／毛家坡组	五里墩组(上段/中段/下段)／李士沟组(上段/下段)／毛家坡组	大张庄组／？／上始新统／李士沟组／毛家坡组	渐新统／五里墩组／始新统／李士沟组／毛家坡组	胡老庄组／五里墩组／上始新统上部／李士沟组／毛家坡组	五里墩组／上始新统上部／李士沟组／毛家坡组	渐新统／五里墩组(上段/下段)／李士沟组／中始新统／毛家坡组	胡老庄组／五里墩组(上段/下段)／始新统／李士沟组／毛家坡组	中始新统／五里墩组／李士沟组／毛家坡组

(二)李士沟组(El)

该组系河南省地质局区测队1968年创建,正层型剖面位于桐柏县固始镇李士沟村北到余庄村南。分布范围与毛家坡一致,在盆地西、北、东三面沿毛家坡组出露区的内侧分布。岩性以含砾砂岩、砂岩为主,夹泥岩、泥灰岩,色调以灰绿色、灰黄色为主,由下而上碎屑岩颗粒逐渐变细。底部以灰绿色、灰白色厚层砂砾岩与毛家坡组红色地层相区别。中下部岩性为灰绿色、灰白色、灰黄色砂砾岩,含砾不等粒砂岩,夹红色泥岩。产脊椎动物:Sinodhadrianus sp.,Sianodon sp.,Depertella sp.,Hyaenodon sp.,Forstercoperia sp.,Breviodon sp.,Eomoropus sp.,Caenolophus sp.,Lushiamynodon sp.化石;上部为灰绿色砂质页岩、砂质泥岩、细砂岩、砂砾岩,顶部为钙质泥岩。产脊椎动物:Yuomy sp.,Eomoropus sp.,Sianodon sp.,Lushiamynodon sp.,Caenolophus sp.化石。

泉水庄—大树—五里墩一带李士沟组厚度较大,约503m,岩性偏细。下部为白黄色、灰白色砾岩,中砂岩,细砂岩,泥岩,泥质粉砂岩,粉砂质泥岩组成的韵律。上部为黄色、黄绿色、灰绿色砂砾岩,含砾砂岩,砂岩,浅黄色、灰绿色泥质粉砂岩,粉砂质泥岩及浅灰绿色泥灰岩组成的韵律。自上而下灰质成分含量增加。产植物:Zekova sp.,Ponulus sp.;介形虫:Cyprois zhanggangensis,C. qianjiangensis,Cyprinotus speciosus,C. formalis,C. cingalensis,C. capaniosus,C. aff. gregaris,Eucypris stagnalis,E. sff. wutuensis Erpetocypris sp.,Candoniella sp.等化石。

(三)五里墩组(Ew)

该组系河南省地质局区测队1968年创建,正层型剖面位于桐柏县吴城东4km处。分布于盆地的中央地带,出露范围小且零星,岩性以灰绿色、灰黄色粉砂岩,砂质泥岩,页岩为主,厚度约200~2000m。中下部为灰色、灰黑色、灰绿色页岩,泥岩,粉砂质泥岩,夹细砂岩、灰质泥岩及多层油页岩、天然碱。上部为灰色、灰绿色、灰黑色粉砂质泥岩,夹灰黄色粉砂岩、灰绿色泥岩及少量油页岩。

盆地内钻井大多钻遇该套地层,桐参1井五里墩组岩性粗,以砾岩、砂砾岩、砂岩为主,夹极少薄层灰色泥岩,泥岩中产 *Taxodiaceaepollenites - Quercoidites - Ulmipollenites* 组合孢粉化石,胡老庄剖面、泉水庄剖面五里墩组含与此相近的孢粉化石。

据资料记载,该组产古脊椎动物:*Juxia* sp.,*Lushiamynodon* sp.,*Gigantamynodon* sp.,*Amynodon sinensis*,*Imequincisocora mazhuangensis*,*I. micracis*,*Parppaceras* sp.;植物化石:*Cupressus* sp.,*Cercidiphyllum elengatum*,*Crevillea densifolia*,*Palibinia pinnatifida*,*P. korwinii*,*Populus* sp.,*Dalbergia* sp.,*Sophora* sp.,*Zelkovo ungeri*,*Z.* sp.,*Albizzia* sp.,*Torrya* sp.,*Juglans cathayensis*,*Zanthoxylum* sp.;双壳类:*Eupera sinensis*;腹足类:*Planorbis* sp.,*Hippeutis* cf. *chertieri*,*Australobis pseudoammonius huanghouensis*;介形类:*Cyprinotus fornalis*,*C. cingalensis*,*C.* sp.,*Ilyocypris errabundis*,*I. dunschanensis*,*Candoniella* sp.,*Candona* sp.,*Limnocythere* sp.,*Erpetocypris* sp.,*Eucypris* sp.化石。

(四)尹庄组(Ny)

该组系河南省地质局区测队1968年创建,正层型剖面位于桐柏县平氏乡尹庄附近。分布于桐柏县平氏乡尹庄、吴越乡贾岗,及五里墩、平昌关的郭庄及陈店以北地区。岩性为杂色、黄色砂砾岩,砾岩,灰绿色含砾砂质泥岩,粉砂岩。其下以角度不整合覆盖于下伏地层之上,其上被第四系不整合覆盖。

五、东濮凹陷

东濮凹陷地处我国华北平原中部,行政区划跨越豫北、豫东、鲁西南沿黄河两岸的2省9个市县:濮阳、清丰、范县、长垣、滑县、兰考、菏泽、东明、莘县。地理坐标:东经114°22′—115°40′,北纬34°46′—35°57′。凹陷呈北北东向展布,南北长120km,东西宽20~70km,北窄南宽,面积5300km^2。根据前人研究成果将东濮凹陷新生界划分为孔店组、沙河街组、东营组、馆陶组、明化镇组、平原组。众多学者对东濮凹陷北部古近系沙河街组地层进行了划分(表4-5)。

(一)平原组

该组岩性为土黄、浅棕黄色黏土层,粉砂层,细砂层,砂砾层。电性上高、低视电阻率值间互,电导曲线呈小波状。厚150~200m。产介形类、轮藻。

(二)明化镇组

该组岩性为棕色黏土岩与灰白、浅灰色粉砂岩及细砂岩互层,上部夹砂砾岩。尖峰状高—中视电阻率值夹低视电阻率值,声波曲线呈波状起伏。厚1000~1700m。产介形类、轮藻。

表 4-5 东濮凹陷北部古近系沙河街组划分对比表

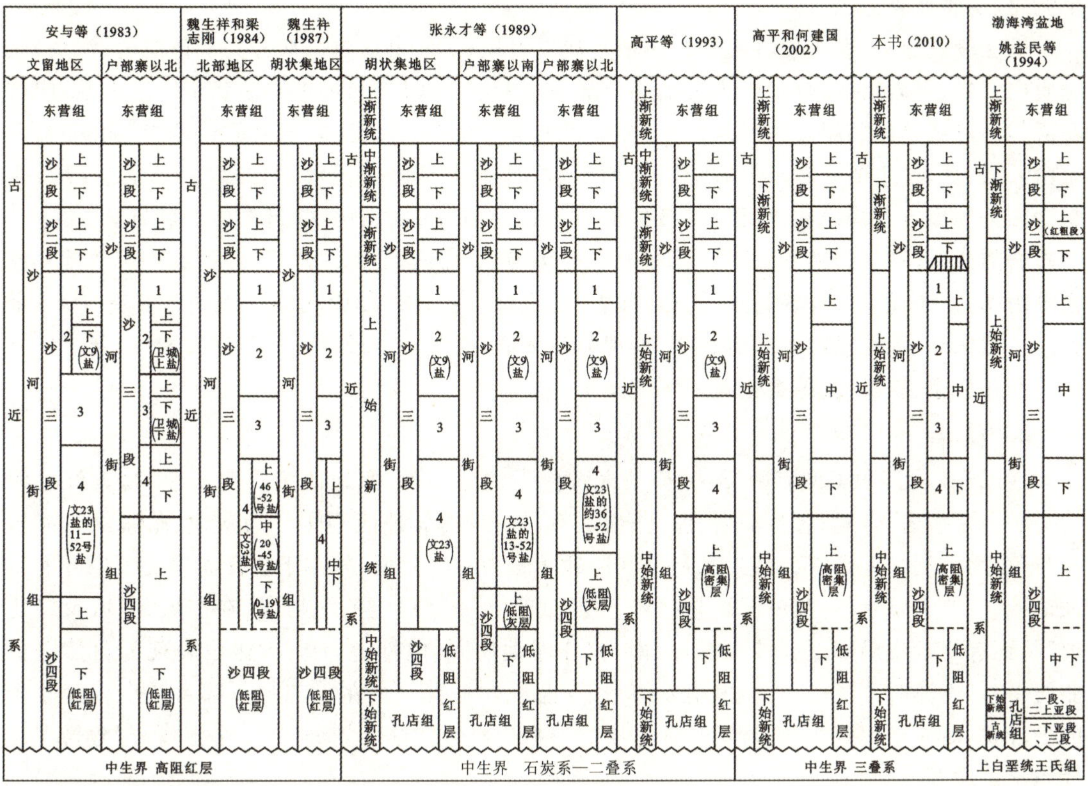

（三）馆陶组

该组岩性为浅灰色、灰白色、杂色砂砾岩，含砾砂岩夹棕、灰色黏土岩。自然电位呈块状负异常，电阻曲线低而平值。厚 200～620m。产介形类、轮藻。

（四）东营组

该组岩性为灰白色、浅黄色细砂岩及含砾砂岩与棕红色、灰绿色泥岩互层。由于东营构造运动的影响，其顶部遭受剥蚀，形成古近系与新近系之间大的不整合面，在渤海湾盆地普遍发育。

东营组与沙河街组一段在东濮凹陷北部岩电性差异显著，以砂岩发育段的底或大套泥岩段的顶作为分界标志。沙一上亚段顶部的低感应电导率值、较高视电阻率值，视电阻率曲线呈尖峰状的含灰质泥岩、泥质白云岩标准层，其感应电导值由下向上逐渐变小，顶部突变，呈明显的倒钟形。该层腹足类化石富集，厚度约 10m，在东濮凹陷北部分布较稳定，产介形类、轮藻。

（五）沙河街组

1. 沙一段

沙一段分为上亚段和下亚段。上亚段：灰色泥岩夹薄层粉砂岩、泥灰岩（生物灰岩、白云岩），在户部寨地区发育有 1～5 个盐韵律。自然电位曲线一般平直或稍有起伏，较低的视电阻率值,常具几个近等距分布的较高电阻尖子。该亚段灰色泥岩分布范围广大、厚度稳定,有 10 个泥岩、灰质泥岩标志层。

下亚段:沉积类型主要有两种。一种是盐岩沉积,主要由灰白色盐岩夹灰色泥岩、泥灰岩、泥质白云岩、页岩组成,分布于古云集—户部寨—柳屯一线以南,柳屯—胡状集—庆祖集以东,海通集—习城集以北的广大地区;另一种主要为灰色泥岩、含膏泥岩夹灰质粉砂岩、泥灰岩、泥质白云岩、页岩,主要分布于卫城地区及西斜坡地区。沙一^{下}亚段沉积俗称"特殊岩性段",在东濮凹陷较稳定。盐岩韵律层以其极低的自然伽马值和极高的视电阻率值为特征,主要有 8 个盐岩韵律层,在盐岩最发育的户部寨地区可达 16 个盐岩韵律,盐岩之间主要有 6 个具有高视电阻率值,曲线呈尖峰状的灰质页岩标志层,也称"尖刀层"。而无盐剖面通常具有 3~4 个具高自然伽马值、低感应电导值、中—高视电阻率值,以及不扩径特征的灰质泥岩、白云岩标志层。产介形类、轮藻、腹足类化石。

2. 沙二段

沙二^{上}亚段沉积类型有两类:一类是含膏盐岩类型,户部寨地区主要为灰色、暗紫红色泥岩夹灰白色盐岩、膏岩、含膏泥岩、泥膏岩,文留、桥口、白庙地区则主要为灰色、暗紫红色泥岩夹灰色含膏泥岩、泥膏岩。另一类是以红色砂泥岩为主的类型,分布于含膏泥岩类型以外的广大地区,主要为暗紫红、灰色泥岩与砂岩互层,底部为一套稳定的泥岩段,在濮城、卫城及以北地区,还有胡状集局部地区砂岩发育,称为"濮城油层"。电性上,沙二^{上}亚段表现为自然电位曲线平直、声波时差值较小,视电阻率值较低(曲线较平直),只在上部和下部具几个幅度较低的尖峰状,对应于泥膏岩、含膏泥岩标志层。根据岩电性特征可划分出 26 个泥膏岩、含膏泥岩标志层。厚 80~550m。

沙二^{下}亚段:主要为棕红色、灰色泥岩与暗紫红色、灰白色、灰色粉砂岩互层,砂岩发育,单层厚度变化较大。泥岩具高感应电导率值和大声波时差值,砂岩自然电位曲线常呈"手指"状负异常,沙二^{下}亚段也称作"指状砂岩-高感应电导率泥岩段"。东濮凹陷全区内尚未发现统一的对比标志层,但沙二^{下}亚段的具高感应电导率值和大声波时差值的泥岩层段可作为区域对比标志。沙二^{下}亚段顶部有 3~5 个感应电导率值明显高于沙二^{上}亚段、曲线呈尖峰状特征的泥岩层,是沙二段上、下亚段分界的显著标志。厚 180~550m。

介形类有肖庄美星介、胜利村金星介、浪游土星介等;轮藻甚为繁盛,主要有伸长似轮藻、宽锥似轮藻、吉兰厚球轮藻、正齐东明轮藻等;腹足类见肥胖美壳螺等。

3. 沙三段

沙三^{1}亚段:为一套稳定的砂、泥(页)岩韵律层,主要由灰色、浅灰色灰质(白云质)泥岩夹粉砂岩、页岩、油页岩组成,构造高部位见红色泥岩,砂泥岩成组性较好,有 9 个泥(页)岩标志层,柳屯—户部寨一带下部发育 1~3 个盐岩韵律。电性特征上,从沙二^{下}亚段的红色地层到沙三^{1}亚段的灰色地层,自然电位基值明显偏正,视电阻率曲线以具一系列的中—高尖峰为特征。沙三^{1}亚段的 4 号灰质泥页岩标志层在东濮凹陷范围内是较好的对比标志层,其他标志层在东濮凹陷北部地区可对比,特别是 5 号和 6 号标志层之间厚约 50m 的较纯的泥岩段,其视电阻率值较低、曲线近于直线,特征明显,是较好的对比标志。厚 150~820m。

介形类主要有中国华北介、惠东华北介、济南土形介、王徐庄玻璃介、梯形玻璃介等;轮藻极少,上部零星见到肖庄冠轮藻等;腹足类亦稀少,偶见扁平高盘螺;此外还见到鱼化石鲈形目。

沙三^{2}亚段：在卫城、柳屯、户部寨、文留、濮城西部和胡状集东部等地区主要为白色盐岩、膏盐层、泥膏盐夹灰色泥岩、含膏泥岩，上部或顶部多见泥岩、油页岩和粉砂岩。其他地区主要为灰色泥岩夹粉砂岩及少量灰质页岩、油页岩。沙三^{2}亚段有12个灰质泥（页）岩标志层，该沙三^{2}亚段的泥页岩标志层区别于其他各段最显著的特征是各标志层的自然伽马值均明显较高。横向上，盐岩可相变为砂泥岩，但作为对比标志的11个具高自然伽马值的灰质泥（页）岩层却依然存在，它们是横向上不同类型剖面对比的依据。厚280~1115m。

介形类主要有中国华北介、永安华北介、梯形华北介、细长玻璃介、均称玻璃介、滨县玻璃介等；轮藻较少，个别见到山东轮藻未定种。腹足类产中间中华扁卷螺、扁平高盘螺、小旋螺、心螺；鱼类有鲱科鱼鳞。

沙三^{3}亚段：为灰色、深灰色泥岩夹粉砂岩，页岩，油页岩。文明寨以南到户部寨以北的卫城、柳屯、户部寨、古云集，以及濮城西部地区为白色盐岩、膏盐层夹薄层灰色泥页岩、泥云岩、泥灰岩，发育的盐岩称为"卫城下盐"，盐岩、膏盐层在卫城附近最大，可达近200m。上部盐岩发育，下部为3组灰色砂泥岩互层段。而濮城地区主要为稳定的暗色泥岩夹粉砂岩、页岩、油页岩，粉砂岩成组性较好，凹陷周缘局部地区有红、灰交互的砂泥岩类型，砂岩发育。厚200~1110m。

介形类主要有隐瘤华北介、脊刺华北介、原始华北介、梯形华北介、坡形玻璃介、奇形玻璃介、细长玻璃介、滨县玻璃介等；轮藻罕见；腹足类偶见扁平高盘螺；鱼类偶见艾氏鱼、洞庭鳜。

沙三^{4}亚段：文留—柳屯一带为灰白色膏（盐）岩、泥膏盐和灰色泥岩，砂岩不发育，柳屯为盐岩沉积中心，盐岩最大厚度可达150多米。为"文23盐"的52#~45#盐岩。其他地区主要为稳定的灰色、深灰色泥页岩，油页岩，灰质泥岩与粉砂岩不等厚互层。电测曲线表现为一系列具中—高视电阻率值呈尖峰状曲线（薄层灰质页岩）与具低视电阻率值呈锯齿状曲线（砂岩）相间。沙三^{4}亚段有8组灰质泥页岩、油页岩标志层，可作为无盐剖面与盐岩剖面横向对比的标志层。

沙三段与沙四段的分界以"低阻红层"之上的一套连续沉积的盐岩段的顶为界，该界线之上发育一段35~130m厚的稳定泥页岩，在文留北部地区该界线之上仍有盐岩沉积（为"文23盐"的45#~52#盐岩），界线上下岩电性特征差别显著，沙四上亚段为"高阻密集层"段，岩性主要为泥岩、泥灰岩、泥云岩、油页岩与粉砂岩的薄互层，而沙三^{下}亚段大多为泥页岩与砂岩的不等厚互层，砂岩明显比沙四上亚段发育；电性上，沙四上亚段的视电阻率基值、峰值一般高于沙三^{下}亚段，沙四^{上}亚段具一系列较高且密集的视电阻率值，曲线呈尖峰状，而沙三^{下}亚段为一系列较高与较低视电阻率值相间，曲线呈凸起状。

介形类主要为隐瘤华北介、脊刺华北介、原始华北介、中国华北阶、梯形华北介、平滑玻璃介、坚实玻璃介、膨胀假玻璃介等。

4. 沙四段

上段：为一特殊岩性段，大致可分为3类。前梨园、文留、胡状集、柳屯地区主要为灰白色盐岩、膏岩夹泥岩、页岩；文留和前梨园地区为盐岩沉积中心，盐岩最大厚度可达600多米；文留北部地区附近下部出现一些由盐岩相变的石膏质粉砂岩、灰质粉砂岩；濮城—户部寨以北地区为灰色泥岩、页岩、油页岩夹粉砂岩、细砂岩、灰质砂岩、白云岩、灰岩。盐岩与砂岩往往发育在薄层的灰质页岩之间，若盐岩和砂岩不发育，薄层的灰质页岩可叠加在一起，在剖面上出现页岩集中段。视电阻率曲线呈一系列密集的高值尖峰，又称"页岩集中段"或"高阻密集层"；柳屯—邢庄—石家集以西的西斜坡地区为灰色粉砂岩、细砂岩,少量砾状砂岩与泥岩、页岩、油页岩不等厚互层,见少量白云岩、灰岩,视电阻率曲线呈近等间距的中幅"脉冲"状。厚0~1200m。

产介形类有光滑南星介、肥实美星介、济阳美星介、王官屯美星介、长帽形湖花介、隐瘤华北介、原始华北介、尖尾翼星介、奇形玻璃介、坡形玻璃介等;轮藻有中华拉氏轮藻、东濮拉氏轮藻、菏泽拉氏轮藻、清丰拉氏轮藻、河南新轮藻;腹足类偶见柳桥水螺。

下段:棕红色、紫红色粉砂岩,灰质粉砂岩与泥岩,砂质泥岩互层,低视电阻率,曲线较平直,黄河以北地区俗称"低阻红"。厚0~380m。

介形类有火红美星介、肥实美星介、缩短金星介、纯化金星介、美丽金星介、长帽形湖花介;轮藻见江陵钝头轮藻、潜江扁球轮藻、极小球状轮藻;腹足类有中华扁卷螺、小旋螺。

(六)孔店组

该组岩性为紫红色、棕色泥岩与砂岩、砂砾岩互层,具较低—中等的视电阻率值,其曲线起伏较小。由于"低阻红层"与"高阻红层"(即中生界)之间为一不整合面,局部地区孔店组可能全部剥蚀。而且在东濮凹陷北部孔店组与沙四下亚段的岩电性特征比较接近,之间没有明显的界线,两者所含化石均单调且数量少。从目前的研究程度和很有限的化石资料,很难准确地划分出孔店组,可用"沙四下亚段"表示整个"低阻红层"。

产介形类有五图真星介、常州圆星介、牛山金星介;轮藻有华南新轮藻、五图培克轮藻、常州厚球轮藻、吴堡扁球轮藻等。

第二节 新生代盆地生物地层及年代地层划分与对比

河南省新生代地层古生物化石丰富,含有介形虫、轮藻、孢粉、古脊椎、腹足类、双壳类、植物等多个门类。本书选择分布较广、地层意义较大的介形虫、轮藻、孢粉、古脊椎进行生物地层划分,并对其组合特征、时代进行简要分析。

一、介形虫

河南省内新生代介形虫化石丰富,自下而上可建立7个组合。

组合Ⅰ. *Sinocypris multipuncta* - *Candona* (*Candona*) *paracompresa* - *C.* (*Typhlocypris*) *acuminate* 组合

该组合见于舞阳凹陷玉皇顶组下部,沈丘凹陷双浮组下段,潭头盆地高峪沟组和大章组下部。主要分子有 *Sinocypris multipuncta* Ho, *S. excelsa* Guan, *Limnocythere hubeiensis*, *L. weixiensis*, *Candona*(*Candona*)*paracompressa*, *C.*(*C.*)*candiformis* Ye, *C.*(*Typhlocypris*)*acuminate*, *Candoniella suzini* Schneider, *C. albicans*(Brady), *C. longa* Stepanaitys. E 等。该组合是一个以古近系分子为主,中、新生代类型混杂的介形虫组合。*S. multipuncta* Ho 是广东南雄盆地古新统浓山组、江西池江盆地上古新统池江组、苏北盆地阜宁群第四组、安徽宣广盆地双塔组中段、浙江平原长河群第二组和山东济宁地区鱼台组的主要分子;*S. excelsa* Guan

见于江汉盆地的沙市组及新沟咀组底部；*C.(C.)paracompressa* Ye, *C.(C.)candidiformis* Ho 见于江汉盆地下始新统方家河组；*C.(Typhlocypris)acuminate* Ho 见于江汉盆地晚白垩世跑马岗组。时代为古新世。

组合Ⅱ. *Cypris henanensis - Eucypris subtriangularis - Sinocypris reticulata - Liranocythere hubeiensis* 组合

该组合见于李官桥盆地玉皇顶组、舞阳凹陷玉皇顶组上部、沈丘凹陷双浮组上段、灵宝盆地项城组、潭头盆地大章组上部至潭头组和洛阳盆地蟒川组。主要分子有 *Cypris henanensis*, *Eucypris subtriangularis*, *Sinocypris reticulata*, *Lirano.cythere hubeiensis*, *Cyclocypris rostrata* Wang, *Sinodarwinula guanzhuangensis* Li, *Darwinula cylindrica* Straub, *Candona (Candona)combibo* Livental 等。繁盛于晚白垩世而在古新世作为孑遗分子存在的 *Cypridea* 等已绝灭，古新世繁盛的 *Sinocypris* 仍有其代表种存在，*Cypris* 兴起并跃居主宰地位。相近组合在我国陆相古近纪沉积盆地中分布广泛，除河南省外，在广东三水盆地华涌组、湖南洞庭盆地沅江组、江西清江盆地临江组、江汉盆地洋溪组、内蒙古脑木根组、青海民和盆地祁家川组、江苏地区戴南组、渤海沿岸地区孔店组中段、山东淮坊地区五图组等都发现该化石组合。大体上可与美国犹他州和科罗拉多州始新统绿河组（Green River Fm.）下部 *Cypris pagei* 带中的介形虫动物群对比。时代为早始新世。

组合Ⅲ. *Tuberocypris zhongguoensis - Cyprinotus (Hemicyprinotus) micronefandus - Cyprinotus (Hemieyprinotus)cuneatus* 组合

该组合见于南襄盆地、舞阳凹陷、襄城凹陷大仓房组，沈丘凹陷、鹿邑凹陷、倪丘集凹陷界首组。主要分子有 *Tuberocypris zhongguoensis*, *Cyprinotus (Hemicyprinotus) micronefandus*, *C.(H.) cuneatus* He et Zhang, *Cyprinotus (Heterocypris) jianglingensis* He et Zhang, *C.(H.)minor* Zhang 等。组合化石个体少，属种单调，*Cyprinotus* 的一些小个体类型开始发展起来，并占主导地位，繁盛于古新世的 *Sinocypris* 已全部消失。*Cyprinotus (Heterocypris) jianglingensis* He et Zhang, *C.(Hemicyprinotus) cuneatus* He et Zhang 以及 *C.(Hemicyprinotus) micronefandus* 为江汉盆地中始新统荆沙组的主要成员；*Tuberocypris zhonguoensis* Li 见于湖北的荆沙组。时代为中始新世。

组合Ⅳ. *Cyprinotus (Heterocypris) macronelandus - C.(H.) igneus - C.(Cyprinotus)altilis* 组合

该组合见于南襄盆地、舞阳凹陷、襄城凹陷核桃园组下段至中段，化石丰富，种类繁多，主要分子有 *Cyprinotus (Heterocypris) macronelandus*, *C.(H.) igneus*, *C.(H.) formalis* Schneider, *C.(Cyprinotus)altilis*, *Cypris favosa* Ye, *Eucypris pengzhenensis* Li, *Ilyocypris manosensis* var. *confragosa* Mandelstam 等。其中，*Cyprinotus (Heterocypris) Macronefandus* 是江汉盆地潜江组、山东济宁地区黄口组上段、湖南洞庭盆地新河口组的主要标志分子；*C.(H.)igneus* Li Y.P. et Cai z.G. 是渤海沿岸地区沙河街组第四段中、下部，山东济宁地区黄口组上段及江汉盆地潜江组的特征化石；*Cyprinotus altilis* Hou et Shan H.G., *Eucypris pengzhenensis* Li, *Ilyocypris manosensis* var. *confragosa* Mandelstam 曾分别见于渤海沿岸地区沙河街组四段中部、湖北彭场镇荆沙组—潜江组下段、广东南雄下罗佛寨组。时代为中始

新世。

组合Ⅴ．*Cyprinotus*（*Cyprinotus*）*xiaozhuangensis* – *C.*（*C.*）*liaozhuangensis* –*C.* (*Heterocypris*) *jingheensis* 组合

该组合见于南襄盆地、周口坳陷核桃园组上段—廖庄组。主要分子有 *Ilyocypris errabundis*，*Candona spissa*，*Candoniella albicans*，*C. marcida*，*Cyprinotus*（*Cyprinotus*）*xiaozhuangensis* Li Y.P. et Ge Y.S.，*C.*（*C.*）*liaozhuangensis* Zhang，*C. altilis*，*C. sublliptica*，*Cyprois nanyangensis*，*C. zhanggangensis*，*Chenocythere carnosa* Shan H.G. et Li L.L.，*Guangbeinia grandis* Zhang 等。组合的多数成员是由组合Ⅳ延续而来，出现了一些特殊壳体外形的化石类型。*C.*（*Cyprinotus*）*xiaozhuangensis* 和 *Chinocythere carnosa* 见于渤海沿岸地区沙河街组三段至二段，*C.*（*Cyprinotus*）*xiaozhuangensis* 为东濮地区沙河街组二段下部的主要分子；*Candona spissa* 产于辽宁盘山沙河街组三段；*Candoniella albicans*，*C. marcida* 产于山东垦利沙河街组三段—二段；*Cyprois zhanggangensis*，*Cyprinotus jingheensis* 为江汉盆地潜江组一段—荆河镇组的重要分子。相似的组合还见于东濮地区沙河街组二段下部。时代为晚始新世。

组合Ⅵ．*Phacocypris huiminensis* – *Eucypris lelingensis* 组合

该组合见于东濮地区沙河街组一段上部。主要分子有 *Phacocypris huiminensis*，*Eucypris lelingensis*，*Candona diffusa*，*C. postitruncata*，*C. sinensis*，*C. curtata*，*C.* cf. *tuozhuangensis*，*Chinocythere inspinata*，*C. longiquadrata*，*C. subimparilis* sp. nov.，*Limnocythere armata* 等。相似组合还见于渤海沿岸地区沙河街组一段。时代为早渐新世。

组合Ⅶ．*Dongyingia ventrispinata* – *Phacocypris guangraoensis* – *Chinocythere cornuta* 组合

该组合见于开封盆地东营组，主要分子有 *Dongyingia ventrispinata*，*D. minicostata*，*Chinocythere cornuta*，*C. xinzhenensis*，*C. difformis*，*C. praebrevis*，*C. inspinata*，*Chinocypris xindianensis*，*Miniocypris caudate*，*Phacocypris guangraoensis*，*Candonopsis liaoningensis*，*C. renqiuensis* 等。相似组合还见于东濮地区、渤海沿岸东营组。时代为晚渐新世。

二、轮藻

河南省境内古近系、新近系轮藻化石自下而上可建立7个组合、2个亚组合。

组合Ⅰ．*Grovesichara changzhouensis* – *Neochara huananensis* –*Obtusochara longicoluminaria* 组合

该组合主要分布在沈丘凹陷、鹿邑凹陷、倪丘集凹陷及周口坳陷北部凹陷带诸凹陷双浮组。化石丰富，共计18属、69种和变种，以大个体、多数具瘤状装饰或具瘤状装饰的趋势、顶部具梅花形顶盖或梅花形突起或顶部为薄弱带的为主。主要分子有 *Grovesichara changzhouensis*，*Neochara huananensis*，*N. laianensis*，*N. wangi*，*N. rhabdophora*，*N. sinuolata*，*N. albicans*，*Gyrogona qianjiangica*，*G. quanjiangica* var. *altilis*，*Obtusochara longicoluminaria*，*O. brevicylindrica*，*Gobichara deserta*，*Hornichara jintanensis*，*Obtusochara elliptica*，

Neochara globula，*N. gaochunensis*，*N. squalida*，*N. paraglobula*，*Peckichara subsphaerica*，*P. gemma*，*Harrisichara yunlongensis*，*Rhabdochara kisgyonensis*，*Stephanochara globula* 等，均为新生代类群。

组合特点是中生代具顶孔类型的分子已全部消失，取而代之的是具瘤状装饰或顶心发育梅花形突起、顶瘤、顶盖类型分子的大量出现。不含任何中生代的分子，与安徽双塔群Ⅱ组和Ⅲ组、江苏戴南组的轮藻化石十分相近，其共同点是 *Neochara* 繁盛，均含有丰富的 *Obtusochara longicoluminaria* 等。除 *Neochara* 的空前繁盛在安徽出现略晚外，其他特征几乎一致，相互之间完全可比。时代为晚古新世—早始新世。

本组合分以下两个亚组合。

下亚组合．*Neochara huananensis* - *Obtusochara longicoluminaria* - *Gyrogona qianjiangica* var．*altilis* 亚组合

该组合见于双浮组下段，以未出现 *Hornichara*，*Nemegtichara* 及 *Sphaerochara*，*Obtusochara brevicylindrica*，*Grovesichara changzhouensis* 较少与上亚组合相区别，可与江苏阜宁群二至四组、广东浓山组（罗佛寨组）、浙江长江群二组、江西池江组、湖南霞流市组、湖北新沟组下段等的轮藻植物群对比。时代为晚古新世。

上亚组合．*Grovesichara changzhouensis* - *Neochara huananensis* 亚组合

该组合见于双浮组上段，以 *Neochara* 为优势类群，分异度较低，新出现 *Hornichara*，*Nemegtichara* 和 *Sphaerochara*，*Obtusochara brevicylindrica*，与江苏戴南组、安徽双塔群Ⅱ组和Ⅲ组轮藻化石可对比。时代为早始新世。

组合Ⅱ．*Obtusochara jianglingensis* - *Gyrogona qianjiangica* 组合

该组合分布于沈丘凹陷、鹿邑凹陷、倪丘集凹陷的界首组，襄城凹陷、舞阳凹陷、南襄盆地的大仓房组，东明地区沙河街群一组下段，东濮地区沙河街组四段下部，济源盆地济源群聂庄组和余庄组。主要类群为 *Obtusochara*，*Gyrogona* 和 *Nemegtichara*，主要分子有 *Obtusochara jianglingensis*，*Gyrogona qianjiangica*，其次为 *Obtusochara brevicylindrica*，*O. brevis*，*O. subcylindrica*，*Nemegtichara prima*，*Hornichara paralagenalis*，*Sphaerochara rugolosa*，*Maedlerisphaera chinensis*，*Grovesichara sinensis* 等。组合Ⅰ中那些大个体、表面具瘤状装饰或具瘤状趋势，顶部发育梅花形顶盖的 *Neochara* 基本消失，顶部具梅花形突起的类群如 *Peckichara*，*Croftiella* 均未见到，而表面具瘤状装饰的 *Rhabdochara*，*Stephanochara* 等仅残存少数分子；大量出现个体小的 *Gyrogona qianjiangica*，*Obtusochara jianglingensis* 化石，并混生少量 *Grovesichara sinensis*，*Rhabdochara kisgyonensis*，*Stephanochara* 等一些大个体类型。

该组合特征显著，分布广泛，是我国中始新统区域地层对比的良好标志，黄口地区汶口组下段、江苏三垛组、江汉盆地荆沙组、洞庭地区汉寿组、四川庐山组和云南的等黑群上段等的轮藻化石都为 *Obtusochara jianglingensis* - *Gyrogona qianjiangica* 组合，特征相同。时代为中始新世。

组合Ⅲ．*Croftiella* - *Stephanochara* - *Obtusochara* 组合

该组合分布于襄城、舞阳凹陷及南襄盆地核桃园组中、下段，吴城盆地李士沟组上段及五

里墩组。组合分子主要由 *Croftiella*，*Stephanochara*，*Obtusochara* 类群的分子组成，常见分子有 *Gyrogona qianjiangica*，*Grovesichara sinensis*，*Croftiella substenoformis*，*C. subsphaerica*，*Stephanochara cuneoformis*，*S. orientalis*，*Obtusochara brevicylindrica*，*O. subcylindrica*，*Rhabdochara kisgyonensis* 等。其种群庞大，成员众多，且多属长命分子，以 *Stephanochara* 属的种数空前增加、*Obtusochara jianglingensis* 基本绝灭与前一组合相区别。因其层位在中始新统 *Obtusochara jianglingensis* – *Gyrogona qianjiangica* 组合之上，特征与江汉盆地潜江组二段至四段相同。时代可确定为中始新世。

组合Ⅳ. *Charites producta* – *Croftiella piriformis* 组合

该组合分布于周口坳陷西部及南襄盆地核桃园组上段至廖庄组。化石极其丰富，分异度非常高，计23属、118种和变种，均属轮藻科。最主要的类群有 *Charites*，*Hornichara*，*Croftiella*，*Stephanochara*；其次为 *Grambastichara*，*Sphaerochara*，*Maedlerisphaera*，*Harrisichara*，*Dongmingochara*。主要分子为 *Charites producta*，*C. elliptica*，*C. subconica*，*C. linyingensis*，*C. paraproducta*，*C. pingshiensis*，*Hornichara fangxianensis*，*H. lagenalis*，*Sphaerochara incospicua*，*S. parvula*，*Maedlerisphaera chinensis*，*Croftiella piriformis*，*C. zhangjuheensis*，*C. coniovatiformis*，*C. longiformis*，*Stephanochara globula*，*S. breviovalis*，*S. elliptica*，*Dongmingochara calida*，*D. rarituberculata* 等。组合以 *Charites producta*，*C. elliptica*，*C. subconica*，*C. paraproducta*，*Croftiella piriformis*，*C. zhangjuheensis*，*C. longiformis*，*Stephanochara kenliensis*，*S. elliptica* 和 *Dongmingochara* 类群的分子为标志，尤其 *Dongmingochara* 类群兴起，*Charites* 类群空前繁盛的特点最为显著；结构上大个体，具瘤状装饰的类型和顶部具梅花形突起的类型再度繁盛。与 *Charites* 类群大发展相同或相近的轮藻化石组合见于江汉盆地潜江组上段和荆河镇组、湖南洞庭盆地新河口组、渤海沿岸地区沙河街组二段和东明地区沙河街群二组下段等，彼此之间特征相同，可视为同期的轮藻植物群，时代为晚始新世。

组合Ⅴ. *Maedlerisphaera ulmensis* – *M. chinensis* 组合

该组合分布于东濮地区沙河街组一段至东营组。主要属种有 *Charites molassica*，*C. inconspicua*，*C. columinaria*，*Hornichara paralagenalis*，*Sphaerochara granulifera*，*Amblyochara subovalis*，*Tectochara meriani*，*T. globula*，*Maedlerisphaera ulmensis*，*M. chinensis*，*Grovesichara kielani*，*Stephanochara fortis*，*S. funingensis*，*Rhabdochara stockmansi*，*Harrisichara poculiformis*，*Dongmingochara concinna* 等。*Charites* 丰富，与下伏沙河街组二段轮藻比较，*Sphaerochara* 和 *Amblyochara* 的种数有所增加，而 *Stephanochara* 的种数则明显降低，未发现 *Gobichara*，*Peckichara*，*Raskyella* 和 *Obtusochara jianglingensis* 等。*Charites molassica* 和 *C. inconspicua* 曾见于瑞士的中晚渐新世，也是我国古近纪晚期的常见分子；*Maedlerisphaera ulmensis* 及 *M. chinensis* 在德国南部、瑞士的中晚渐新世和法国巴黎盆地的渐新世也有发现；*Tectochara meriani*，*T. globula* 曾产自德国南部、瑞士中渐新世至上新世、奥地利上新世，我国青海柴达木盆地渐新世至上新世、甘肃酒泉盆地上新世都有发现。组合面貌与渤海沿岸地区的沙河街组一段至东营组的轮藻化石组合可以对比。时代为渐新世。

组合Ⅵ. *Hornichara kazakstanica* – *Nitellopsis*（*Tectochara*）*globula* –

Maedlerisphaera primoskensis 组合

该组合分布于周口坳陷馆陶组和明化镇组。主要类群有 *Hornichara*，*Maedlerisphaera*，*Nitellopsis*(*Tectochara*) 等，其次为 *Charites*，*Sphaerochara*，*Amblyochara* 等。主要分子有 *Charites molassica*，*Hornichara kasakstanica*，*H. lagenalis*，*Sphaerochara parvula*，*Amblyochara subeiensis*，*Lychnothamnites yanchengensis*，*Maedlerisphaera primoskensis*，*Nitellopsis*(*Tectochara*)*globula*，*N.*(*T.*)*elliptica* 等。*Charites* 类群大大减少，个体数量锐减，*Nitellopsis*(*Tectochara*)繁盛，古近系一度繁衍的类群如 *Croftiella*，*Stephanochara* 等已基本消失，*Lychnothamnites* 属开始出现并繁盛起来，*Amblyochara* 趋于繁盛并向大型化发展。华北平原北部（陇海铁路以北）新近系馆陶组和明化镇组的轮藻组合面貌与本组合完全一致，应为同时。与苏北盆地盐城群，陕西渭河盆地高陵群和永乐群Ⅵ组，青海民和、共和盆地谢家组、车头沟组、曲沟组上段，青海柴达木盆地油砂山组至狮子沟组的轮藻化石组合亦可对比。时代为中新世—上新世。

组合Ⅶ．*Chara*-*Lychnothamnus*-*Amblyochara* 组合

该组合分布于周口坳陷、南襄盆地平原群。该组合现生轮藻轮藻植物群研究程度较低，仅记述了其中的 4 属、6 个化石种和 2 个现生种，现生类型有 *Lychnothamnus barbatus*，*Chara globularis*，其中 *Lychnothamnus barbatus* 曾发现于明化镇组顶部，*Chara globularis* 分布于平原群中、上部；化石种有 *Charites molassia*，*Amblyochara subeiensis*，*A. huabeiensis*，*Lychnothamnites yanchengensis* 等，均产于平原群下部。它们曾见于陕西的三门组、山西的柴庄组、晋中盆地义安组、大同盆地泥河湾组。时代为第四纪。

三、孢粉

孢粉化石是河南省境内新生代地层各门类化石中最为丰富的一类。自下而上可划分 13 个组合。

组合Ⅰ．*Pentapollenites*-*Ulmipollenites minor*-*Ulmoideipites*-*Plicapollis* 组合

该组合见于沈丘、鹿邑、倪丘集凹陷等地双浮组下段下部。被子植物花粉占优势，其中又以 *Ulmipollenites*，*Ulmoideipites*，*Plicapollis* 等小型孔粉类为主，三者最高含量可达 70% 左右，*Subtriporopollenites*，*Tricolpopollenites*，*Quercoidites* 为组合中的重要分子，古老被子植物花粉 *Pentapollenites* 有较多出现；裸子植物花粉以 *Ephedripites*，*Inaperturopollenites* 为主，*Taxodiaceaepollenites* 及双气囊松科花粉很少；蕨类植物孢子少量见到，以 *Deltoidospora* 为主；热带、亚热带分子 *Proteacidites*，*Rhoipites* 常见。

该组合小型具孔粉类占极大优势，具三沟的栎粉及亲缘关系不清的无口器粉丰富，麻黄粉具有一定的含量。其面貌与豫西潭头盆地高峪沟组、江汉盆地沙市组、苏北盆地阜宁组一至二段、池江盆地池江组二段、南雄盆地上湖组的孢粉组合相似。时代为早—中古新世。

组合Ⅱ．*Pinaceae*-*Ephedripites*-*Ulmipollenites minor*-*Plicapollis* 组合

该组合见于沈丘、鹿邑、倪丘集凹陷等地双浮组下段上部。被子植物花粉占优势，主要分

子有 *Ulmipollenites minor*, *Plicapollis granulatus*, *Rhoipites*, *Meliaceoidites*, *Quercoidites*, *Subtriporopollenites* 等；裸子植物花粉以 *Pinaceae*, *Taxodiaceaepollenites* 为主；蕨类植物孢子含量低，常见 *Deltoidospora*, *Pterisisporites*。

与组合Ⅰ有一定的继承性，*Ulmipollenites minor*, *Ulmoideipites*, *Plicapollis* 等小型具孔粉类仍居优势地位，但含量明显下降，而在组合Ⅰ中很少见到的松科花粉，在本组合大量增加，成为优势分子。组合Ⅰ中占重要地位的 *Pentapollenites* 在本组合大大减少。

该组合特征与我国晚古新世至早始新世的孢粉组合特征相近似，从组合中各分子的含量来看，更接近于晚古新世的特点。与江汉盆地沙市组上段至新沟咀组下段的孢粉组合可以对比，时代为晚古新世。

组合Ⅲ. *Quercoidites* – *Ulmipollenites minor* – *Labitricolpites* – *Rhoipites* 组合

该组合见于南襄盆地玉皇顶组及周口坳陷双浮组上段。被子植物花粉占优势，主要分子有 *Quercoidites*, *Ulmipollenites*, *Labitricolpites*, *Celtispollenites*, *Ulmoideipites krempii*。其中又以 *Quercoidites* 为主，最高含量可达 20% 以上；蕨类植物孢子少量见到，以 *Deltoidospora* 为主；热带、亚热带分子 *Rhoipites*, *Euphorbiacites*, *Meliaceoidites*, *Rutaceoipollis*, *Araliaceoipollenites*, *Sapintaceidites* 常见，且含量不低。

本组合小型具孔花粉含量依然较高，但优势度进一步下降，已不再是主要优势成分。三沟类花粉大量增加，由原来的从属地位上升为主导地位。时代为早始新世。

组合Ⅳ. *Ephedripites* – *Meliaceoidites* – *Ulmipollenites* 组合

该组合见于南襄盆地大仓房组和周口坳陷界首组。被子植物花粉占优势，主要分子有 *Meliaceoidites*, *Ulmipollenites*, *Quercoidites*, *Rhoipites*, *Euphorbiacites* 等；裸子类以 *Ephedripites*, *Taxodiaceaepollenites*, *Pinuspollenites* 为主；蕨类植物孢子含量低，以 *Pterisisporites* 为主。

小型孔粉类在该组合含量进一步降低，已不占主导地位，热带、亚热带的 *Rutaceoiplis*, *Euphorbiacites*, *Meliaceoidites*, *Araliaceoipollenites*, *Tricoipopollenites* 等大型三沟、三孔沟类花粉大量出现。与本组合相似的孢粉组合还见于江汉盆地荆沙组、苏北盆地三垛组、渤海湾盆地沙河街组四段等。时代为早始新世。

组合Ⅴ. *Pinaceae* – *Ulmipollenites* – *Quercoidites* 组合

该组合见于南襄盆地、泌阳凹陷、遂平、舞阳凹陷、襄城凹陷等地核桃园组下段。被子植物花粉和裸子植物花粉含量相近，二者交替上升，蕨类植物孢子含量低，仅 5% 左右；优势分子为 *Ulmipollenites*, *Pinaceae*；主要分子有 *Taxodiaceaepollenites*, *Quercoidites*, *Rhoipites*, *Ephedripites*, *Tricoipopollenites*, *Convolvulus* 等；常见分子有 *Meliaceoidites*, *Rutaceoiplis*, *Sapindaceidites*, *Euphorbiacites* 等；蕨类植物孢子以 *Pterisisporites* 为主。

该组合具有地方性特征，裸子和被子植物花粉齐繁盛，裸子植物花粉中松科高于杉科，被子植物花粉中榆粉高于栎粉，水生草本植物继续繁盛，喜热分子大量发育。时代为中始新世。

组合Ⅵ. *Taxodiaceaepollenites - Quercoidites - Ulmipollenites* 组合

该组合见于南襄盆地、泌阳凹陷、遂平、舞阳凹陷、襄城凹陷等地核桃园组中段及吴城盆地五里墩组。被子植物花粉占优势,其中又以 *Quercoidites* 为主,最高含量可达 40%,*Ulmipollenites*,*Ephedripites*,*Labitricolpites* 等常见;裸子植物花粉以 *Taxodiaceaepollenites* 为主,最高含量可达 30%;蕨类植物孢子含量低,仅为 2%左右,常见 *Pterisisporites*;热带、亚热带分子大量出现,见有 *Rutaceoipllis*,*Sapindaceidites*,*Rhoipites*,*Meliaceoidites*,*Caryapollenites*,*Magnolipollis*,*Sabalpollenites*,*Peltandripites*,*Faguspollenites*,*Myrtaceidites*,*Euphorbiacites*,*Loniceraepollenites* 等。

本组合的主要特征与组合Ⅴ接近,仅以 *Taxodiaceaepollenites*,*Quercoidites* 的含量分别高于 *Pinaceae*,*Ulmipollenites* 的含量与组合Ⅴ相区别。

这一孢粉组合反映了我国中原地区垣曲阶热带亚热带茂盛的阔叶、针叶混交林的植被面貌。时代为中始新世。

组合Ⅶ. *Pinaceae - Ephedripites - Ulmipollenites - Quercoidites* 组合

该组合见于南襄盆地、泌阳凹陷、遂平、舞阳凹陷、襄城凹陷地区核桃园组上段。被子与裸子类花粉含量接近,二者交替升降,蕨类植物孢子含量与前几个组合相比,有所上升,最高含量可达 20%左右;优势分子为 *Pinaceae*,*Ephedripites*,*Ulmipollenites*,*Quercoidites*;热带、亚热带分子大量出现,有 *Rhoipites*,*Meliaceoidites*,*Rutaceoipllis*,*Caryapollenites*,*Myrtaceidites*,*Euphorbiacites*,*Loniceraepollenites* 等;*Liquidambarpollenites*,*Convolvulus*,*Salixipollenites*,*Momipites*,*Potamogetoniaceaepites* 常见;*Taxodiaceaepollenites* 含量低;蕨类植物孢子以 *Deltoidospora*,*Pterisisporites* 为主,*Polypodiacaesporites* 有一定含量。

本组合总面貌是以松科为主的针叶—落叶阔叶林植物群。热带、亚热带分子大量掺入,耐旱的麻黄大量发育,占较大优势。与组合Ⅵ相比,喜热好湿的杉科植物大量减少,这表明气候转旱。时代为晚始新世。

组合Ⅷ. *Ephedripites - Meliaceoidites - Rutaceoipollis - Deltoidospora - Pterisisporites* 组合

该组合见于南襄盆地、泌阳凹陷、遂平、舞阳凹陷、襄城凹陷等地廖庄组。裸子类 *Ephedripites* 占优势,最高可达 40%,*Pinaceae* 含量大减,由组合Ⅶ的优势分子降为常见分子,*Taxodiaceaepollenites* 少见或无;被子类的 *Meliaceoidites*,*Rutaceoipollis*,*Rhoipites* 大量增加,成为主要分子。*Ulmipollenites*,*Quercoidites* 仍占据主要地位;热带、亚热带分子含量较高,除了主要组合分子外,常见的还有 *Euphorbiacites*,*Sapindaceidites*,*Myrtaceidites*,*Faguspollenites*,*Caryapollenites*,*Nyssapollenites* 等;有一定的草本植物 *Convolvulus*,*Chenopodipollis*,*Artemisiaepollenites* 等;蕨类植物孢子 *Deltoidospora*,*Pterisisporites*,*Polypodiacaesporites* 同时增加,形成蕨类植物孢子高含量带,有时 *Deltoidospora* 高达 20%。

本组合总体特征与组合Ⅶ相仿,不同的是 *Pinaceae* 骤减,喜热好湿的 *Taxodiaceaepollenites* 几乎消失,耐旱力强的 *Ephedripites* 含量进一步升高,但在周口盆地 *Ephedripites* 的百分含量低于南襄盆地;蕨类植物孢子的 *Deltoidospora*,*Pterisisporites*,*Polypodiacaesporites*

同时增加,形成蕨类植物孢子高含量带。该组合特征与渤海湾沙河街组二段的孢粉组合相似,均为 $Ephedripites$ 高含量。时代为晚始新世。

组合Ⅸ. $Quercoidites - Pokrovskaja$ 组合

该组合分布于渤海湾盆地沙一段。被子植物花粉以 $Quercoidites$ 为主,$Ulmipollenites$ 次之;三孔沟型分子 $Pokrovskaja$ 十分普遍;裸子植物花粉以松科为主,$Ephedripites$ 含量较高;蕨类植物孢子种类多,含量不高。时代为早渐新世。

组合Ⅹ. $Ulmipollenites\ undulosus - Piceaepollenites - Tsugaepollenites$ 组合

该组合分布于渤海湾盆地东营组二、三段。被子植物花粉中 $Ulmipollenites$(主要是 $U.\ undulosus$)含量逐步升高,并超过 $Quercoidites$,成为组合中的主要分子;桦木科和胡桃科等具孔花粉比例明显上升,三孔沟类中 $Tiliaepollenites$ 比较突出;草本植物花粉进一步发展,常见分子有 $Labitricolpites$,$Potamogetonacidites$,$Randiapollis$,$Chenopodipollis$,$Compositoipollenites$,$Ranunculacidites$,$Fupingopollenites$ 等;裸子植物花粉中 $Piceaepollenites$ 和 $Tsugaepollenites$ 比例增加;蕨类植物孢子比例较高,但不稳定,局部地区 $Polypodiaceaepollenites$ 和 $Cyathidites$ 较为集中。时代为晚渐新世。

组合Ⅺ. $Juglandaceae - Tiliaepollenites\ indubitabilis$ 组合

该组合见于渤海湾盆地东营组一段,与组合Ⅹ十分相似,区别仅在于,胡桃科、桦科的比例进一步加大,草本植物花粉更加多种多样,且含量增加。时代为晚渐新世。

组合Ⅻ. $Ulmipollenites\ undulosus - Betulaepollenites - Polypodiaceaesporites - Ceratopteris$ 组合

该组合见于周口坳陷馆陶组下段。被子植物花粉占优势,裸子植物花粉次之,蕨类植物孢子含量低;优势分子为 $Ulmipollenites$,$Betulaepollenites$,$Polypodiaceaesporites$,其中又以 $U.\ undulosus$ 为主;$Pinaceae$,$Juglanspollenites$,$Alnipollenites$,$Liquidambarpollenites$,$Quercoidites$,$Caryapollenites$ 含量较高;$Ceratopteris$ 含量不高,但为标志分子;常见分子有 $Momipites$,$Fagus pollenites$,$Meliaceoidites$,$Rutaceoipollis$,$Sapindaceidites$,$Tsugaepollenites$,$Taxodiaceaepollenites$;含有一定量的草本植物花粉 $Convolvulus$,$Chenopodipollis$。

该组合以含有特殊分子 $Ceratopteris$ 及见有较多的 $Ulmipollenites\ undulosus$,$Liquidambarpollenites$,$Juglandaceae$,$Betulaceae$,$Piceaepollenites\ giganteus$,$Polypodiaceaesporites$ 等与其他组合区别。时代为中中新世。

组合ⅩⅢ. $Keteleeriaepollenites - Artmisiaepollenites$ 组合

该组合见于周口坳陷明化镇组下段。裸子植物花粉占优势,被子植物花粉次之,蕨类植物孢子未见;优势分子为 $Keteleeriaepollenites$,$Pinuspollenites$,$Quercoidites$;$Piceaepollenites$,$Tsugaepollenites$ 具有一定的含量,为组合中的重要分子;$Artmisiaepollenites$ 为标志分子;陆生草本植物还有 $Chenopodipollis$,$Plantago$,$Graminidites$,$Glyceria$,$Convolvulus$ 等。

该组合的主要特征是以双气囊的松科花粉占优势,喜热的 $Keteleeriaepollenites$ 为主,$Artmisiaepollenites$ 为标志,含有较多草本植物花粉,蕨类植物孢子完全未见。时代为上新世。

四、脊椎动物

(一) *Bernalambata* sp. 延限带

该带见于潭头盆地高峪沟组，由 *Mesonichidea* 和 *Bernalambata* 化石组成。前者无法鉴定到属种，后者在国内共发现 *Bernalambata nanbsiungensis* Chiow et al., *B. pachyoesteus* Chw et al., *B. crassa* Chow et al. 三种，分别产自广东南雄湖口、珠玑中古新世地层中。基于此，该延限带的时代可认为是中古新世。

(二) *Asiocoryphodon* – *Manteodon* 组合带

该带见于河南李官桥盆地玉皇顶组。见 *Asiocoryphodon conicus* Xu，*A. lophodontus* Xu，*A. progressivus* Cheng et Ma，*A.* sp.，*Manteodon flerow* (Chow)，*Gobiatherium mintum* Cheng et Ma.，*Lophioletes? primus* Cheng et Ma，*Yimengia* sp.，*Forsterooperia?* sp.，*Eomoropus? zhanggouensis* Cheng et Ma，*Zhongyuanus xichuanensis* Hou 等属种。来自玉皇顶组下部的 *Asiocoryphodon* 三个种的齿部构造比蒙古阿山头晚古新世的 *Phenacolophur*（脊兽）显得进步，*Manteodon flerow*（Chow）（费氏方齿冠齿兽）与北美早始新世的亚齿冠齿兽 *Manteodon subquadratus*（Cope）比较接近。产于玉皇顶组顶部的哺乳动物虽以中始新世类型为主，但个别类型具有某些原始特征。从整个玉皇顶组化石情况来看，有 *Asiocoryphodon* 的残余分子，未出现中始新统官庄组、阿山头组、依希白拉组的 *Metacoryphodon*，且 *Lophodontus* 和 *Yimengia* 是奇蹄类中较原始的类型，面貌显得较古老。时代为早始新世。

(三) *Uintatherium insperatus* – *Lophialetes* 组合带

该带见于卢氏县谢家沟组和张家村小学后沟张家村组、淅川李官桥盆地大仓房组。张家村组化石少，见 *Uintatherium insperatus*，*Lophialetes*，*Eudinoceras?* 和中兽科内的未定属种的分子。大仓房组不仅含有与之完全相同的 *Lophialetes*，*Eudinoceras*，还伴生有 *Kuanchuanensis danjiangensis*，*Cacomyidae* gen. et. sp. indet.，*Carmvora* gen. et. sp. indet.，*Meconyx* sp.，*Mesongcoidae* gen. et. sp. indet.，*Eudinoceras* sp.，*Metacoryphodon* sp.，*Lophialetes* sp.，*Coryphodonitidae* gen. et. sp. indet.，cf. *Palaeosyops* sp.，cf. *Schlosseria* sp.，*Feleolophus* sp.，*Yimengia* sp.，*Euryodonminimus* 等。*Uintatherium* 属在北美出现于中始新世中期，即见于勃力吉组（Bridger Formation）上部。*Eudinoceras* sp. 与哈萨克斯坦斋桑盆地的中始新世地层中的 *E. obailiensis* 相似。*Lophialetes* 曾见于斋桑盆地中始新统奥白依兰组（the obuila Formation）。这一动物化石组合可与内蒙古中始新世阿山头期动物群对比，时代为中始新世。

(四) *Honanodon macrokontus* – *Sianodon honanensis* 组合带

该带见于卢氏县孟家坡剖面的称为卢氏动物群，计 34 属 36 种（11 个未定种），它们分别是 *Tinosanrus lushihensis*，*Platypelites subcircularis*，*Tsinlingensis ourgi*，*Lushilagus lohoensis*，*Lushius qinlingensis*，? *Stylinodon* sp.，*Miaeis* off *invictus*，*M. lushiensis*，*Cynodictis* sp.，cf. *Eusmilus* sp.，*Hyaenodon* sp.，*Paratriisodon henanensis*，*P. gigas*，*Honanodon macr-*

odontus, *Hapalodetes lushiensis*, *Lohoodon lushiensis*, *Endinoceras* sp., *Microtitan* sp., *Rhinotitan grangeri*, *Lunania youngi*, *Eomoropus* sp., *Colodon* sp., *Deperetella* sp., *Breviodon minutus*, *Lushiamynodon menchiapuensis*, *Sianodon henanensis*, *Caenolopus* sp., *Prohyracodon* sp., *Forstercoopera* spp., *Yuomys* sp., *Archaeomeryx optatus*, *Propterodon irdinensis*, *P. morrisi* 等。

该带见于李官桥盆地核桃园组的称为核桃园动物群,共28属32种(9个未定种),其成员是 *Tinosanrus lushihensis*, *Sinohadrianus sichuanensis*, *Breviodon minutus*, *Schilossera hetaoyuanensis*, *Deperetella sichuanesis*, *Lophialetes expeditus*, *Prolaena pava*, *Miacis lusiensis*, *M.* aff. *invictus*, *Pristichampsus* aff. *rollinati*, *Scuravus* sp., *Teleophus* cf. *medius*, *T. danjiangensis*, *T. sichuanensis*, *Breviodon* cf. *minutus*, *Colodon* sp., *Protitan* sp.,? *Sinopa* sp.,? *Tritemnodon* sp., *Andrewsarchus* sp., *Sianodon* sp., *Prohyracodon* sp., *Pachylopus* xui, *Propterodon* sp., *P. pishigouensis*, *Sarkastodon henanensis*, *Stremulagus shipigouensis*, *Lushilagus danjiangensis*, *Chungchiania sichuanensis*, *Eodendrogale parvum*, *Brevidensilacerta xichiuanensis*, *Creberidentat henanensis*. 等。

信阳平昌关盆地李庄组发现有明港豫鼠 *Yuomys minggangensis*, 似小短齿獏 *Breviadon* cf. *minatus*, 似熟练三重犀 *Triplopus? praficiensis*, 蹄齿犀 *Hyracodontidae* indet, 犀科 *Rhinocerotidec* indet., 东方戈壁兽 *G. orientalis*, 小戈壁兽 *G. minor*, 石炭兽科 *Anthracotheridae* indet., 偶蹄目 *Artiodactyla* indet., 食肉目 *Carnivora* indet., 张沟明港鳄 *Mingganga chonggouensis*, 鳄科 *Crocodilidec* indet., 无盾龟 *Anosteira* sp. 等。

上述三产地各包含许多地方性属种,或以本地标本为模式标本而建立的种。卢氏动物群除两属是爬行类外,其余全为哺乳类,有5个分子见于内蒙古苏吉登恩吉地区的伊尔丁曼哈组,仅个别分子可以上延到沙拉木伦组。核桃园动物群以哺乳动物的奇蹄目犀类、獏类的属种为主,可与内蒙古脊獏类特别繁盛伊尔丁曼哈动物群对比,信阳平昌关盆地李庄组中的 *Breviadon* cf. *minatus*, *Gobiohyus. orientalis* 和 *Triplopus? praficiensis* 等只在伊尔丁曼哈期及其相同时代的地层中发现,从未在更晚期或更早的地层中出现过。与上述三地化石相近的动物群还见于吴城盆地毛家坡组顶部至李士沟组下部,它们都可与内蒙古伊尔丁曼哈期动物群对比。时代为中始新世。

(五) *Sianodon mienchiensis* – *Anthracosener sinensis* 组合带

该带见于渑池县上始新统垣曲群任村段。共15属20种(3个未定种),且啮齿目、裸节目、灵长目、奇蹄目、偶蹄目均有代表分子存在,而以奇蹄目最为繁盛,无论属种或个体数均占优势。主要由下列分子组成:*Yuomys carioides*, *Honanodon hebetis*, *Kuanchanensis* sp., *Hoanghonius stehlini*, *Rhinotitan mongoliensis*, *Eomoropus minimus*, *E. quadridentatus*, *Grangeria major*, *Deperetella depereti*, *D. similis*, *Caenolophus* sp., *Amynodon mongoliensis*, *lushiamynodon obesus*, *Sianodon sinensis*, *S. mienchiensis*, *S. chiyuanensis*, *Anthracosenex sinensis*, *A. ambiguus*,? *Dichbunue* sp., *Prohyracodon* cf. *meridionalis* 等。这个地方动物群与内蒙古的沙拉木伦(或乌拉尔苏)动物群相当(周明镇等,1973)。吴城盆地李氏沟组上部和五里墩组所含脊椎动物化石的性质和组成分子与前述任村段化石有不少相似的地方,时代相当,均为晚始新世。

（六）*Hipparion richthofeni - Cerocerus novorossiae* 组合带

该带见于卢氏盆地文峪雪家沟组的红色砂质黏土岩、汤阴盆地新乡潞王坟组白色黏土岩、三门峡地区高庙镇棉凹村、东坡沟含砾黏土岩、新安上印沟。主要分子有 *Hipparion richithofeni*，*H. dermaterhinum*，*H. platyodus*，*Chilotherium* sp.，*Cerocerus novorossiae*，*Gazella gaudryi*，*Muntiacus* cf. *laustris*，*Diceratherium palaesinense*，*Chleuastochoerus stehlini*，*Honanotherium schlosseri*，*Palaeotrogus* sp. 等。

组合含 *Hipparion* 属化石，国内将含此化石的动物群统称为三趾马动物群。相关地层包括鲁中鲁西地区的巴漏河组，晋西、晋东地区保德组，汾渭地区九龙坡组、灞河组，以及兰州、西宁地区的临夏组，六盘山贺兰山地区的彰恩堡组等。时代属上新世。

第三节 新生代沉积盆地地层对比

在前人研究的基础上，本次对河南省主要沉积盆地新生界的划分对比采用表 4-6 的方案。与以往的对比方案相比，本次对下列几个方面作了修正：

（1）将省内大部分原属渐新世的地层划归晚始新世，如南襄盆地、周口坳陷原渐新统核桃园组上段—廖庄组划归晚始新世，相当于蔡家冲期，认为省内大部分地区缺失渐新统。

（2）将南襄盆地、周口坳陷原上始新统核桃园组中、下段划归中始新世，相当于卢氏阶—垣曲阶。

（3）将济源盆地原属渐新世早中期的泽峪组、南姚组和丁庄组划归中晚始新世，与南襄盆地核桃园组对比。

（4）洛阳盆地陈宅沟组包含古新世地层。

一、古新统

河南省古新世地层零星分布，地表露头仅见于豫西潭头盆地和灵宝盆地。潭头盆地高峪沟组与下伏熊耳群不整合接触，发现有阶齿兽（*Bemalambda*）和中兽类（*Mesonichidae*）脊椎动物化石。中兽类（*Mesonichidae*）化石无法鉴定到属种，阶齿兽（*Bemalambda*）仅见一未定种 *Bernalambata* sp.，该属在国内共发现 *B. nanbsiungensis*，*B. pachyoesteus* 和 *B. crassa* 三种，它们都产于中古新世地层中。高峪沟组的时代为古新世中期，其下部缺失上湖期早、中期地层，目前，省内其他地区尚无确切依据与之对比的地层。大章组产牧兽类（*Pastoraledontidae*）和假骨猥类（*Pseudictopidae*）脊椎动物化石，以及介形虫 *Metacypris* sp.，*Cyclocypris dimiorbiculata*；*Cypris dedaryi* 等和腹足类、瓣鳃类化石，属古新世池江期。灵宝盆地项城组含池江阶腹足类化石，层位与潭头盆地大章组相当。在李官桥盆地、南襄盆地玉皇顶组与下伏白垩系寺沟组整合接触，应包含古新世地层。洛阳-汝州盆地陈宅沟组在河南省地层古生物研究第六分册中划归始新统（阎国顺等，2008），但河南省石油勘探局在宜1井505～510m井段、宜2井59.5～97.8m井段、洛宁兴华剖面陈宅沟组发现孢粉化石，孢粉组合以被子植物花粉占绝对优势，以古老的瘤纹、粒纹具3、4孔花粉和内褶粉（*Plicapollis* spp.）为主，伴生大戟科、五加科、漆粉等被子植物花粉和裸子植物花粉 *Ephedripites*，蕨类植物孢子 *Schizaeoisporites*，该化石组合反映了古新世植物群面貌,基于此,我们认为洛阳-汝州盆地陈宅沟组应有古新世的沉积地层。周口坳陷古新世化石资料来源于周22井、新参1井等双浮组下段,其下部为紫色、灰紫色泥岩与棕色粉砂岩互层,夹灰色细砂岩,砂岩中含石膏,与上石盒子组不整合接触;产 *Pentapollenites-Ulmipollenites minor-Ulmoideipites-Plicapollis* 组合孢粉化石,组合面貌与湖北江汉盆地沙市组、江西池江盆地池江组二段、广东南雄盆地上湖组所产孢粉化石面貌一致,时代为早古新世上湖期。上部为褐色、灰色、深灰色、灰白色细砂岩互层。产 *Pinaceae-Ephedripites-Ulmipollenites minor-Plicapollis* 组合孢粉化石,与江汉盆地沙市组上段至新沟咀组下段的孢粉组合可以对比。轮藻化石 *Grovesichara changzhouensis-Neochara huananensis-Obtusochara longicoluminaria* 组合的 *Neochara huananensis-Obtusochara longicoluminaria-Gyrogona qianjiangica* var. *altilis* 亚组合,与江苏阜宁群二至四组、广东浓山组(罗佛寨组)、浙江长江群二组、江西池江组、湖南霞流市组等的轮藻植物群对比。时代为晚古新世池江期。

表4-6 河南省主要沉积盆地新生代地层对比表

系	统	阶	地层年龄(Ma)	济源盆地	李官桥盆地	南襄盆地	吴城盆地	潭头盆地	卢氏盆地	洛阳-汝州盆地	三门峡盆地	周口坳陷 舞阳-襄城	周口坳陷 沈丘-鹿邑	渤海湾地区
				Q	Q	Q	Q	Q	Q	Q	Q	Q	Q	Q
新近系	上新统	麻则沟阶							?	大安组	棉凹组	明化镇组	明化镇组	明化镇组
		高庄阶	5.30		凤凰镇组	凤凰镇组	尹庄组		雪家沟组					
	中新统	保德阶		?										
		通古尔阶	11.60							洛阳组	刘林河组	馆陶组	馆陶组	馆陶组
		山旺阶	16.00											
		谢家阶	23.00											
古近系	渐新统	塔布布鲁克阶	28.00											东营组
		乌兰布拉格阶	32.00											沙河街组 一段
	始新统	蔡家冲阶	37.00	丁村组	廖庄组				大峪组		廖庄组			沙河街组 二段
					上段						上段			
		垣曲阶	40.00	南姚组 泽峪组	核桃园组 中段 下段	核桃园组	五里墩组 李士沟组 毛家坡组			石台街组 蟒川组	小安组 坡底组 门里组	核桃园组 中段 下段		沙河街组 三段
		卢氏阶	49.00	余庄组 聂庄组	大仓房组	大仓房组		潭头组	卢氏组		张家村组		大仓房组	界首组	沙河街组 四段
	古新统	岭茶阶	56.00					大章组		陈宅沟组				
		池江阶	58.00		玉皇顶组	玉皇顶组		高峪沟组				玉皇顶组	双浮组	孔店组
		上湖阶	65.00											
	下伏地层			韩庄组	寺沟组	寺沟组	秦岭岩群	熊耳群	熊耳群	熊耳群	山西组	古生界	古生界	

二、始新统

在河南省始新世地层遍布全省,豫西潭头、灵宝、卢氏、三门峡、李官桥、南阳西大岗都有地表露头,在覆盖区含油气盆地钻井揭露厚达数千米的始新统,不仅赋存了丰富的油气资源,也发现了天然碱、盐重要矿藏。

早始新世时,省内广大地区沉积了一套以红色为主的碎屑岩夹泥灰岩巨厚岩系。李官桥盆地东部玉皇顶组岩性为浅紫红、灰白色泥灰岩夹薄层浅褐红色、黄棕色、灰绿色砂质泥岩及细—中砂岩、砾状砂岩,含石膏团块;盆地西部泥灰岩显著变薄,砂泥质增多。产早始新世岭茶期 *Asiocoryphodon* - *Manteodon* 组合脊椎动物化石。

潭头盆地潭头组下部为厚层状灰褐色砾岩与灰绿色含砾砂岩、砂质泥岩互层;中部以灰黄色泥岩为主,夹砂质泥岩、油页岩、灰岩;上部以灰绿色、灰黄色、灰黑色泥岩、泥灰岩和油页岩为主,底部为砾岩、砂砾岩与大章组整合接触,根据与下伏地层接触关系、颜色、岩性分析,潭头组下部大致与玉皇顶组相当。

洛阳-汝州盆地陈宅沟组分布于宜阳县西南、伊川县焦王、罗村、汝阳、汝州等地,岩石色调以棕色、砖红色为主,是以河流相为主的河湖相碎屑岩沉积,在地表露头上因未发现化石,一般依岩性特征划归始新世。近几年河南省地质博物馆在汝阳地表露头陈宅沟组之上的蟒川组中发现了恐龙、介形虫、孢粉化石,介形虫以女星介为主,孢粉 *Classopollis*, *Cicatricosisporites* 丰富,化石时代为早白垩世中晚期。显然,盆地周缘所出露的这套红色地层的归属有待进一步研究。前述井下和洛宁兴华剖面陈宅沟组包含部分古新世地层,根据地层接触关系、岩性特征,我们认为井下陈宅沟组的地质时代为古新世至中始新世,当然包含早始新世岭茶期的沉积。

河南省内早始新世地层研究相对深入的有南襄盆地南阳、泌阳凹陷玉皇顶组,周口凹陷东部双浮组上段,西部舞阳、襄城凹陷玉皇顶组上部,渤海湾地区孔店组上部。

南阳、泌阳凹陷钻穿玉皇顶组的钻井较少,岩性主要是以红色色调为主的碎屑岩,轮藻化石产以 *Gobichara* sp., *Sphaerochara parvula*, *Obtusochara subcylindrica*, *Obtusochara elliptica* 为主的早始新世化石组合。孢粉化石以热带、亚热带被子植物花粉 *Rhoipites*, *Euphorbiacites*, *Meliaceoidites*, *Rutaceoipollis*, *Araliaceoipollenites*, *Sapintaceidites* 和耐盐、碱、干旱的裸子植物花粉 *Ephedripites* 为主。与李官桥野外露头剖面所获得的孢粉资料比较,数量更丰富,属种分异度高,它们特征一致,都是以喜热、耐旱的化石为主,共同反映了豫西南炎热、干旱少雨气候条件下的古植被面貌,时代相同。湖北江汉盆地西缘地表洋溪组含与李官桥盆地玉皇顶组性质相近的脊椎动物化石,地磁极性单位为 24r 反向极性时(带)至 22r 正向极性时(带),井下新沟组上段产出南阳井下玉皇顶组相同的微体古生物化石,所夹玄武岩的同位素年龄为 52Ma,它们的时代都可以确定为早始新世岭茶期,彼此之间可以对比。

周口坳陷东部的双浮组上段,西部舞阳、襄城凹陷玉皇顶组上部微体古生物化石十分丰富,介形虫化石产以 *Cypris* 为主的 *Cypris henanensis* - *Eucypris subtriangularis* - *Sinocypris reticulata* - *Liranocythere hubeiensis* 组合;轮藻产以 *Neochara* 为优势类群的 *Grovesichara changzhouensis* - *Neochara huananensis* - *Obtusochara longicoluminaria* 组合的 *Grovesichara changzhouensis* - *Neochara huananensis* 亚组合,时代为早始新世岭茶期,与前述河南省内相关地层可对比。

卢氏期地层有李官桥盆地大仓房组—核桃园组；南阳、泌阳大仓房组—核桃园组下段下部；周口坳陷东部界首组，西部舞阳、襄城凹陷大仓房组—核桃园组下段下部；卢氏盆地张家村组、卢氏组；吴城盆地毛家坡组、李士沟组下部；济源盆地聂庄组和余庄组下部。

卢氏盆地、李官桥盆地、吴城盆地卢氏期地层中含脊椎动物化石，它们之间对比无异议。泌阳、南阳大仓房组，周口坳陷西部大仓房组、东部界首组，济源盆地聂庄组和余庄组下部都产我国中始新世广泛分布的 Obtusochara jianglingensis - Gyrogona qianjiangica 组合带轮藻化石，彼此可以对比。

李官桥盆地核桃园组整合覆盖于大仓房组红色岩系之上，为灰色、灰白色、深灰色、灰绿色及棕红色泥灰岩，泥岩，砂质泥岩，夹砂岩、砾岩、油页岩、石膏及岩盐等碎屑岩系，含与内蒙古卢氏期伊尔丁曼哈动物群相当的脊椎动物化石，孢粉化石以被子植物 Ulmipollenites，Quercoidites，Meliacidites，Celtispollenites，Rhoipites 等为主，喜湿的蕨类植物孢子丰富，占化石总量的 25%～30%，水生的眼子菜植物较多，裸子植物花粉少，主要为 Taxodiaceaepollenites，Ephedripites，Pinuspollenites 等。相同的孢粉组合在南阳、泌阳井下核桃园组下段广泛发育，李官桥盆地核桃园组中未发现南阳、泌阳井下核桃园组中段至廖庄组的微体化石。由此可知，李官桥盆地核桃园组仅相当于南襄盆地核桃园组下段或下段下部。

垣曲期地层在河南省内分布较广，但各地研究程度不一。洛阳-汝州盆地宜1井蟒川组古生物化石丰富，孢粉化石以温带的 Ulmipollenites，Quercoidites 为主，伴生热带、亚热带大戟科、山龙眼科、五加科等分子，松柏类裸子植物花粉丰富，大致与舞阳、襄城凹陷井下核桃园组中下段对比。

济源盆地泽峪组、南姚组、丁庄组含 Maedlerisphaera chinensis - Grovesichara sinensis 组合轮藻化石（张泽润，郭书元，1987），既有我国古新世或早始新世重要化石 Gobichara sp.，Grevesichara changzhouensis，也有晚始新世的 Stephanochara funingensis 等，考虑下伏地层聂庄组和余庄组产我国中始新世卢氏阶早中期的 Obtusochara jianglingensis - Gyrogona qianjiangica 组合带轮藻化石，将泽峪组、南姚组、丁庄组暂归为中始新世卢氏期晚期—晚始新世蔡家冲期。

吴城盆地李士沟组上部、五里墩组所含脊椎动物化石性质与渑池县垣曲群任村段脊椎动物群有不少相似的地方，它们与内蒙古垣曲期沙拉木伦动物群相当；孢粉资料来自拐沟—罗庄剖面、信阳县原明港乡三里角游河剖面五里墩组、桐参1井五里墩组，以裸子植物 Pinaceae 与 Taxodiaceaepollenites 花粉为优势，被子植物 Ulmipollenites，Quercoidites，Caryapollenites，Rhoipites，Juglanspollenites，Momipites 花粉为主要分子，与南阳凹陷井下核桃园组中、下段孢粉特征相同。南阳、泌阳、周口西部核桃园组中、下段含介形虫 Cyprinotus (Heterocypris) macronelandus - C. (H.) igneus - C. (Cyprinotus) altilis 组合，轮藻 Croftiella - Stephanochara - Obtusochara 组合，孢粉 Pinaceae - Ulmipollenites - Quercoidites 组合（核桃园组下段），Taxodiaceaepollenites - Quercoidites - Ulmipollenites 组合（核桃园组中段）微体古生物化石，化石组合面貌、优势分子及纵向演变规律与湖北江汉盆地井下潜江组相同，彼此对比性明显。江汉盆地西缘地表相当于井下潜江组的地层牌楼口组，磁极性单位为18r正向极性时（带）至16r正向极性时（带），相应的地质年龄为 42.00～39.86Ma（张师本等，1993），对应于中国新生代陆相地层分阶中卢氏阶晚期至垣曲阶早期，佐证了核桃园组下段包含卢氏期晚期的沉积，下段上部至中段时代为中始新世垣曲期，可与前述河南省内相关地层对比。

蔡家冲期地层分布广泛,但研究程度较高、有确切化石依据的只有覆盖区南襄盆地、周口坳陷和东濮地区,其他盆地相关地层研究程度较低,即使有少量化石,由于生命历程较长,无法确定时代。

南襄盆地、周口坳陷蔡家冲期地层包括核桃园组上段和廖庄组,含介形虫 *Cyprinotus (Cyprinotus) xiaozhuangensis - C. (C.) liaozhuangensis - C. (Heterocypris) jingheensis* 组合,轮藻 *Charites producta - Croftiella piriformis* 组合化石,孢粉化石 *Pinaceae - Ephedripites - Ulmipollenites - Quercoidites* 组合(核桃园组上段),*Ephedripites - Meliaceoidites - Rutaceoipollis - Deltoidospora - Pterisisporites* 组合(廖庄组),根据孢粉化石分析对比,大致相当于渤海湾沿岸地区沙河街组二段下部。根据山东东营凹陷天文地层研究成果(姚益民等,2007),沙河街组二段年龄值为 33.799~32.940Ma,由此,核桃园组上段和廖庄组确定为蔡家冲期的沉积是合理的。在过去的研究报告和公开发表的文献中将二者划归渐新世,观察河南省内各地古近系的岩性变化,岩性组合具有共同特征,即由下而上发生粗—细—粗、红—灰—红的变化,这一变化反映了古近纪陆相湖盆形成、发展、萎缩消亡的全过程。核桃园组上段—廖庄组以灰绿色—棕红色为主,其结构特征有变粗趋势,与上覆地层不整合接触。据前人研究,核桃园组中、下段沉积期(垣曲期)研究区内古温度比现在高约9℃,核桃园组上段—廖庄组沉积时期古温度比现在高约12℃(郭书元等,2008),古气温具有明显升高的趋势,这与晚始新世末—渐新世全球气温下降事实不符。随着气温升高,干旱加剧,古植被发生相应变化,主要表现为热带、亚热带分子 *Meliaceoidites*,*Rutaceoipollis*,*Rhoipites*,*Euphorbiacites* 大量增加,以桦科植物为代表的温带植物属种锐减;耐旱、盐碱植物 *Ephedripites* 异常丰富,抗旱的凤尾蕨科植物属种较多,山地针叶植物 *Pinaceae*(松科)的比例显著降低。这一面貌与我国广大地区渐新世以山地松科植物和温带植物桦科、胡桃科为代表的古植被明显不同。基于这些事实,我们将原属渐新世的地层划归晚始新世蔡家冲阶,进而认为始新世末开始,随着欧亚大陆内部及其相邻板块运动加强,构造运动使山地抬升,河南省内古近纪陆相湖盆大多抬升剥蚀,湖盆消亡,未接受渐新世的沉积。

三、渐新统

始新世末的构造抬升,使河南省内大多湖盆消失,除开封、濮阳地区外,均未接受渐新世的沉积。东濮地区遭短暂抬升剥蚀后,复又下沉,接受了渐新世沙河街组一段—东营组的沉积,沙一段以灰色泥岩为主,夹粉砂岩、灰白色生物灰岩,局部地区发育厚层岩盐、泥膏岩和含石膏泥岩。微体古生物化石含轮藻 *Maedlerisphaera ulmensis - M. chinensis* 组合,孢粉 *Quercoidites - Pokrovskaja* 组合。东营组为一套红色岩系,由紫红色、杂色泥岩与含砾砂岩、粉砂岩互层组成。轮藻化石与沙一段相同,孢粉化石 *Ulmipollenites undulosus - Piceaepollenites* 组合(东营组二、三段),*Juglandaceae - Tiliaepollenites indubitabilis* 组合(东营组一段)2个组合。孢粉化石中,山地松科植物大量繁衍,沙一段耐旱、盐碱植物 *Ephedripites* 仍有一定数量,往上逐渐减少,喜热的被子植物楝科、芸香科、大戟科、漆树科属种锐减,温带的胡桃科、桦科的比例明显上升,古植被变化反映了古气候由热向温凉转变的过程,与始新世末至渐新世区域性气候变化相一致。沙河街组一段—东营组轮藻化石与渤海湾沿岸地区同名岩组化石一致,时代为渐新世。

四、新近系

河南省新近纪地层分布广泛。1980年，山西区测队第三分队在新乡潞王坟白色黏土岩中发现 *Hipparion richthofeni - Cerocerus novorossiae* 组合带三趾马动物群，据此建立了"潞王坟组"，并与晋东南的下榆社组、陕西蓝田灞河组对比；卢氏盆地文峪雪家沟组的红色砂质黏土岩，三门峡地区高庙镇棉凹组、东坡沟含砾黏土岩含有与潞王坟组相同的三趾马动物群化石；李官桥盆地凤凰镇组中、下部未见有时代意义的化石记录，上部泥灰岩中产脊椎动物化石 *Gazella gaudryi*，该化石种是我国新近纪三趾马动物群中的重要分子。前述各岩组含三趾马动物群，或三趾马动物群中的化石分子，时代都可定为中新世—上新世，相互之间可以对比。南襄盆地凤凰镇组不整合覆盖于古近纪地层之上，上被第四系覆盖，无确切的依据来确定时代。周口坳陷、濮阳地区新近系包括馆陶组、明化镇组，岩石疏松，成岩性差。馆陶组下部岩性粗，以杂色砂岩、砂砾岩为主，上部为浅棕色泥岩，灰色、灰绿色浅棕色粉砂岩，泥岩，轮藻化石 *Hornichara kazakstanica - Nitellopsis (Tectochara) globula - Maedlerisphaera primoskensis* 组合可与华北平原北部（陇海铁路以北）新近系馆陶组和明化镇组、苏北盆地盐城群，陕西渭河盆地高陵群和永乐群Ⅵ组，青海民和、共和盆地谢家组、车头沟组、曲沟组上段，青海柴达木盆地油砂山组至狮子沟组的化石组合对比；孢粉化石 *Ulmipollenites undulosus - Betulaepollenites - Polypodiaceaesporites - Ceratopteris* 组合，与渤海沿岸、渤海海域等地馆陶组下部，山东山旺组，江汉盆地广华寺组相似，时代为中新世。明化镇组由未成岩或成岩性差的砂、黏土组成，轮藻化石与下伏馆陶组面貌一致，孢粉化石 *Keteleeriaepollenites - Artmisiaepollenites* 组合，大致与渤海湾盆地明化镇组、苏北盆地盐城组上部的孢粉组合对比，时代为上新世。

第五章 河南省新生代沉积盆地沉积体系特征

根据野外露头剖面、钻井剖面的详细观测与分析,在沉积相研究的基础上,将新生界沉积划分为1个沉积体系组和5个沉积体系,每一沉积体系可进一步划分出不同的亚相(表5-1)。

表5-1 河南省新生代沉积盆地古近系—新近系沉积体系划分

体系组	沉积体系		主要沉积相或亚相	沉积特征	代表性地层及钻井
大陆体系组	冲积扇体系		片泛沉积、河床充填、筛积物、泥石流	分布于盆地边缘,岩性主要为砾岩,无生物化石,属氧化环境	桐柏盆地的毛家坡组等
	扇三角洲体系		扇三角洲平原、三角洲前缘相、扇三角洲	砂砾岩与泥岩频繁互层	核桃园组,襄7井
	河流体系	辫状河	河道、心滩	沉积物由砾岩、砂岩、粉砂岩及泥岩组成	唐河西大岗核三段,襄参3井、周19井、舞6井、新近系鹤壁组
		曲流河	河道、心滩、边滩、泛滥平原	分布靠近凹陷中心,粒度较辫状河细	广泛分布于各新生代沉积盆地中,周23井、济源南姚村至张庄剖面
	湖泊三角洲体系		三角洲平原相、三角洲前缘相、前三角洲	介于河流与湖泊之间的沉积系,除砂泥岩外,见碳酸盐岩沉积	唐河西大岗剖面、泌182井、舞3井
	湖泊体系		滨湖、浅湖、半深湖、深湖、盐湖	以砂岩、粉砂岩、泥岩、页岩、油页岩为主,盐湖相沉积有石盐、天然碱、石膏等	桐柏拐沟剖面,襄参2井

第一节 大陆沉积体系组

大陆沉积体系组包括冲积扇体系、扇三角洲体系、三角洲体系、河流体系和湖泊体系等,通过对有关野外剖面及钻井剖面的观测可以看出新生代沉积盆地发育了冲积扇沉积体系、扇三角洲体系、三角洲体系、河流体系和湖泊体系等,下面就其特征分别进行描述。

第二节 沉积体系特征

一、冲积扇沉积体系

冲积扇主要分布于新生代沉积盆地边缘的古近系古新统下部的玉皇顶组、桐柏盆地的毛家坡组、济源盆地陈宅沟组、石滚河盆地的焦湾组和宋楼组、济源盆地的聂庄组、三门峡盆地的门里组、南阳、泌阳凹陷的陡坡带等,主要岩性为砾岩、砾状砂岩,夹少量薄层粉—细砂岩和泥岩。泥岩颜色为棕色、棕红色和紫红色,无生物化石,属氧化环境。常见砾石呈叠瓦状排列,砾石成分复杂,砂砾岩的成分及结构成熟度均较差,沉积构造以块状层理为主,局部洪积层理。根据岩石类型及其垂向变化特征可进一步划分为扇根、扇中、扇端亚相(图5-1),其沉积物主要包括片泛沉积、河床充填沉积、泥石流沉积及筛积物4种类型。在地震剖面上具有乱岗状、变振幅、连续性差的反射特征,具有发散的反射结构和楔状形态,沿盆缘断裂分布。

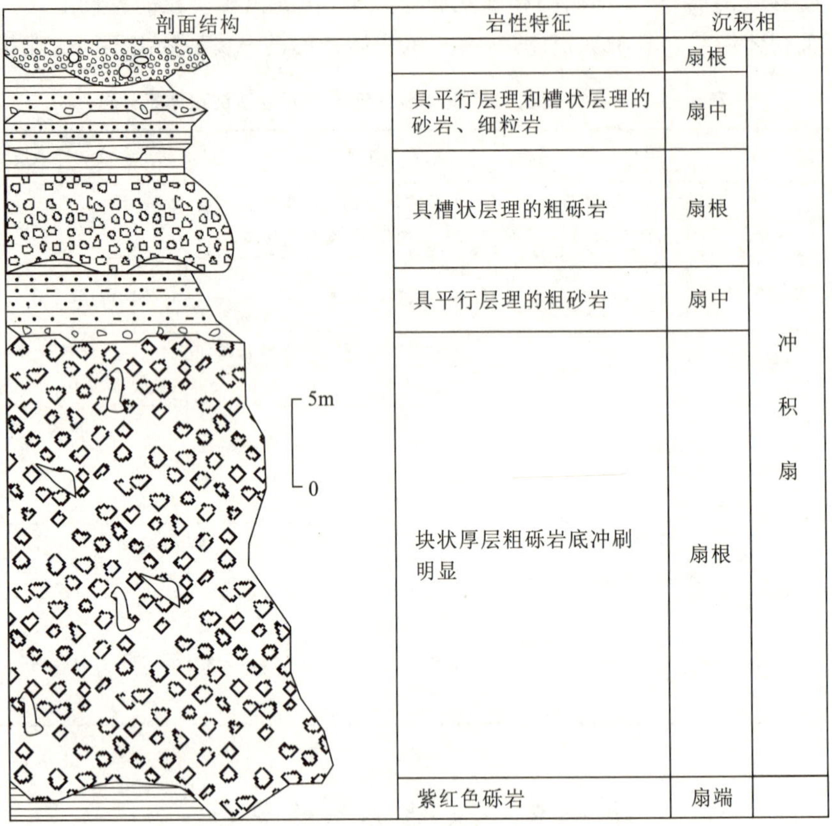

剖面结构	岩性特征	沉积相	
		扇根	
	具平行层理和槽状层理的砂岩、细粒岩	扇中	
	具槽状层理的粗砾岩	扇根	
	具平行层理的粗砂岩	扇中	冲积扇
	块状厚层粗砾岩底冲刷明显	扇根	
	紫红色砾岩	扇端	

图5-1 济源盆地张庄组冲积扇沉积剖面图

二、扇三角洲体系

扇三角洲在断陷湖盆中极为常见(李思田等,1987,1991,1995;解习农等,1992;孙永传等,1992)。这与物源区近及边缘断裂的同沉积活动有关。发育于同沉积断裂活动的凹陷边缘,是冲积扇向湖延伸的产物,常分布于地形较陡的活动盆地边缘。在舞阳、襄城凹陷发育于核三段晚期—核一段沉积期,分布于舞阳凹陷北部陡坡带及襄城凹陷南部姜庄-李集深凹带(同沉积断层附近),舞6井、舞7井、舞9井、舞8井、舞参1、襄7井(图5-2)钻遇该套沉积物;在南阳、泌阳等凹陷核桃园组发育该套沉积体系。其主要沉积特征为砂砾岩与湖相泥岩的频繁互层。扇三角洲体系由扇三角洲平原、三角洲前缘和前三角洲3部分组成。

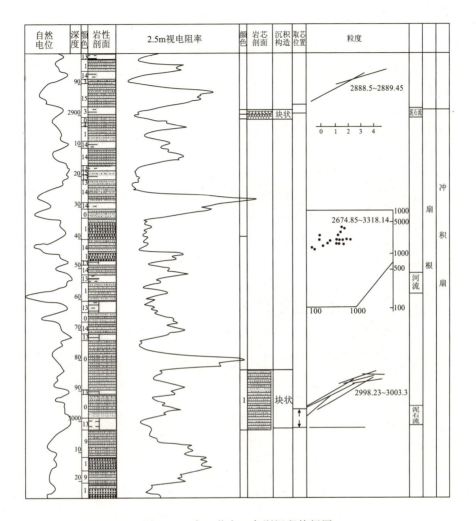

图 5-2 襄 7 井扇三角洲沉积特征图

三、三角洲体系

三角洲体系是河流入盆地而形成的扇状沉积体系,发育于地形平缓的被动盆地边缘,主要受河流控制,分支河道入湖后延伸很远,水下河道和河口坝沉积发育。发育于核桃园组、沙河街组等地层中。可分为三角洲平原相、三角洲前缘相、前三角洲相 3 个亚相带。

四、河流体系

河流沉积体系主要发育于古近纪晚期及新近纪,总体方向是由凹陷周缘流向凹陷中心。广泛见于野外露头剖面和有关钻井中,根据河流形态及沉积物的组成可识别出辫状河流沉积和曲流河沉积。

（一）辫状河沉积体系

辫状河沉积靠近物源区,粒度粗、成分杂、岩屑含量高,主要分布于河南省新生代盆地古近系渐新统及新近系中,代表性地层和钻井为唐河西大岗核三段、襄参3井、周19井、舞6井、新近系彰武组、鹤壁组。可划分出河道亚相和河漫滩亚相沉积(图5-3~图5-5)。

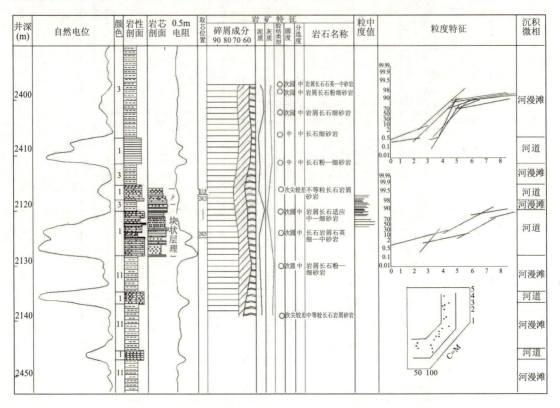

图5-3 襄参3井辫状河流相沉积特征图

（二）曲流河沉积体系

曲流河更近凹陷中心,沉积物粒度较细,分选好,结构成熟度和成分成熟度较高,有典型的正韵律和二元结构。河床底部常具冲刷面,广泛分布于各新生代沉积盆地中,曲流河在沈丘凹陷分布广泛,几乎各井都有揭示,可划分出河道亚相和河漫滩亚相沉积(图5-6)。

五、湖泊体系

在地质历史时期里,湖泊沉积是一种比较重要的类型,按盐度和沉积物性质,可分为陆源碎屑淡水湖和碳酸盐-膏盐湖,亦即可分出两大类湖泊相沉积物,陆源碎屑淡水湖泊相和碳酸盐-膏盐湖泊相。在河南省各新生代的盆地里都有广泛的发育,典型剖面如桐柏拐沟剖面。根据湖泊的水深和沉积物特征可进一步划分为滨湖、浅湖、半深湖和深湖4个亚相。在纵向演化上,表现为与三角洲沉积呈韵律互层。

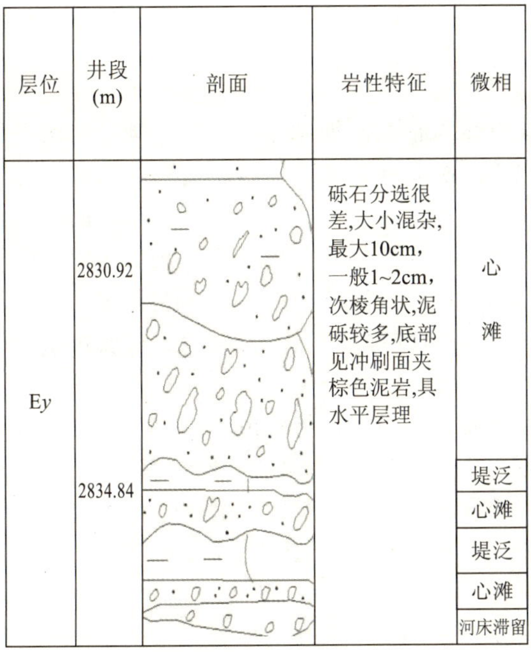

第五章 河南省新生代沉积盆地沉积体系特征

层位	井段(m)	剖面	岩性特征	微相
Ey	2830.92 ~ 2834.84		砾石分选很差,大小混杂,最大10cm,一般1~2cm,次棱角状,泥砾较多,底部见冲刷面夹棕色泥岩,具水平层理	心滩
				堤泛
				心滩
				堤泛
				心滩

图 5-4 周 19 井辫状河沉积剖面图

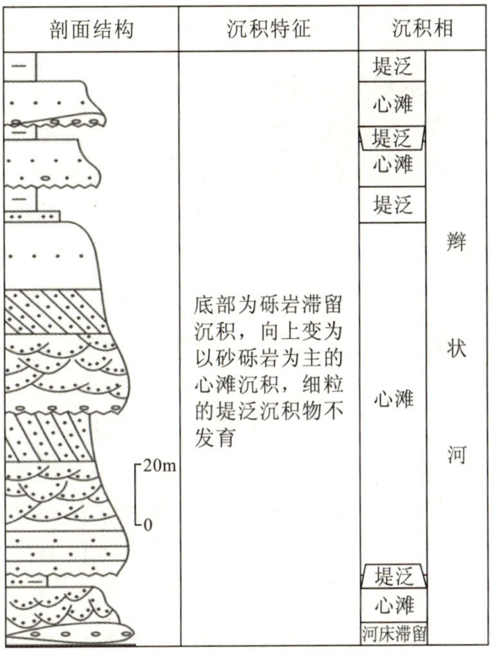

剖面结构	沉积特征	沉积相
		堤泛
		心滩
		堤泛
		心滩
		堤泛
	底部为砾岩滞留沉积,向上变为以砂砾岩为主的心滩沉积,细粒的堤泛沉积物不发育	辫状河 心滩
		堤泛
		心滩
		河床滞留

图 5-5 舞 6 井辫状河剖面结构图

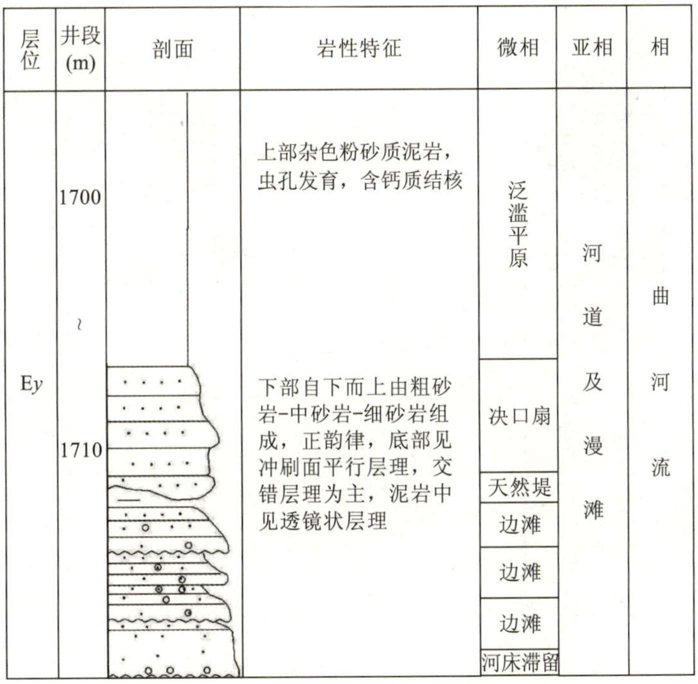

层位	井段(m)	剖面	岩性特征	微相	亚相	相
Ey	1700 ~ 1710		上部杂色粉砂质泥岩,虫孔发育,含钙质结核	泛滥平原	河道及漫滩	曲流河
			下部自下而上由粗砂岩-中砂岩-细砂岩组成,正韵律,底部见冲刷面平行层理,交错层理为主,泥岩中见透镜状层理	决口扇		
				天然堤		
				边滩		
				边滩		
				边滩		
				河床滞留		

图 5-6 周 23 井曲流河沉积剖面图

(一)湖泊沉积亚相特征

1. 滨湖亚相(图5-7)

滨湖位于湖岸线附近,一般介于洪水时期湖岸线与枯水时期湖岸线之间的地带。滨湖地区的水动力条件比较复杂,受拍岸浪和回流的作用,湖水对其沉积物的改造和冲洗都非常强烈。同时沉积物还可露出水面,处于强烈的氧化条件和蒸发条件之下。所以滨湖相的岩石类型多,但以砂岩和粉砂岩为主,砂岩的成熟度高,碎屑的磨圆度和分选性都比较好。砂岩中石英含量高,碎屑磨圆度和分选性较好,说明受到湖浪的反复簸选作用。所夹细碎屑岩石中可见到少量的植物根茎化石和碎片,发育交错层理,包括冲洗交错层理、大型槽状层理及板状交错层理。

滨湖相砂岩粒度概率曲线多呈两段式,由跳跃总体和悬移总体组成,且以前者为主,含量达70%~80%,有时高达90%,悬移总体含量占20%~30%,斜率高,约80°,反映其成熟度较高,可能是滨湖地区湖浪反复簸选作用的结果。微量元素含量及其比值显示出淡水沉积的特点,B含量为$(18\sim 25)\times 10^{-6}$,B/Ga比值为1.25~1.64,Sr/Ba比值较低,为0.21~0.35。该相常与浅湖相共生。

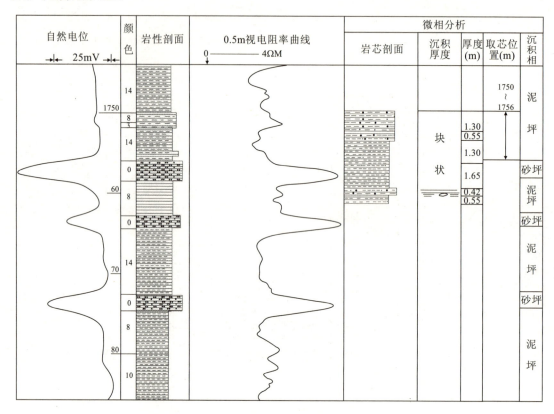

图5-7 襄参2井滨浅湖相沉积特征图

2. 浅湖亚相

浅湖带发育于滨湖沉积带以下到浪基面以上的地区。水动力条件主要是波浪和湖流的作用,以粉砂岩沉积为主。测井曲线呈低幅平滑及少量细锯齿状特征。

3. 半深湖亚相

半深湖亚相主要发育于浪基面以下的近浪基面地带,无明显的波浪作用。沉积物由黑色泥岩、页岩及粉砂岩组成。在测井曲线上表现为平行于基线的直线或指状直线型的特征。

4. 深湖亚相

深湖区因不受湖浪影响,故多半为水体安静的还原环境。常为暗色泥质沉积,少量粉砂,有时还有泥灰岩、灰岩、油页岩等。沉积物富含有机质,往往为良好生油层,主要为水平层理。

(二)碳酸盐-膏盐湖泊相特征

碳酸盐-膏盐湖泊相主要出现在干燥—半干燥气候区,少数在温暖气候区,一般为内流湖,沉积物以碳酸盐-膏盐物质为主,随着湖水的浓缩可依次沉淀出碳酸盐、硫酸盐、石盐以及钾镁盐。如襄城凹陷(图 5-8),沉积物主要为石盐、石膏、含盐泥岩和含膏泥岩。

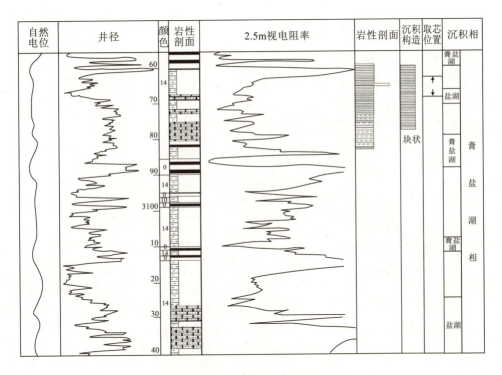

图 5-8 襄参 1 井盐湖相沉积特征图

第六章 河南省区域构造特征与新生代沉积盆地

第一节 区域构造特征

一、大地构造位置及构造单元划分

区域构造上,河南省处于中国南北和东西构造域接合的枢纽地带,跨华北陆块、秦岭造山带两个大地构造单元,在漫长的地质演化史中,经历多期构造变动,地质构造极为复杂,发展演化历程独特,具有不均衡、多旋回发育特点。依据地质构造、岩浆活动的差异,主要构造划分为3个Ⅰ级构造单元、4个Ⅱ级构造单元、6个Ⅲ级构造单元(图6-1)。

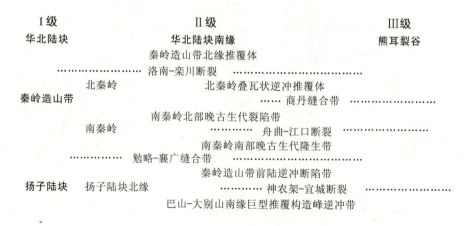

图6-1 河南省构造单元划分示意图

二、构造特征综述

1. 华北陆块构造特征

河南省主要出露华北陆块的南部边缘,南界为洛南-栾川断裂,出露地层自太古宙、元古宙至中新生代均有发育。随中生代碰撞造山作用,使区内地层向南仰冲,形成一系列由北向南的推覆体,构成了秦岭造山带北缘推覆构造带。与推覆构造相伴出现一系列近东西向展布的逆冲断裂及相应的次级断裂,褶皱构造也以推覆作用过程中形成线性褶皱为主。

2. 秦岭造山带构造特征

秦岭造山带是长期分隔中国华北与扬子两大陆块的界线，秦岭造山带是在新太古代—中元古代洋陆间杂的构造背景下形成的构造基础上，于新元古代—中三叠世经历了现代板块构造体制的主造山期，华北、秦岭、扬子三大陆块依次沿商丹和勉略两条缝合带由南向北俯冲碰撞造山，从而奠定了秦岭造山带的基本格局。依其构造、岩浆活动的差异，可划分为北秦岭造山带和南秦岭造山带两部分(图 6-2)。

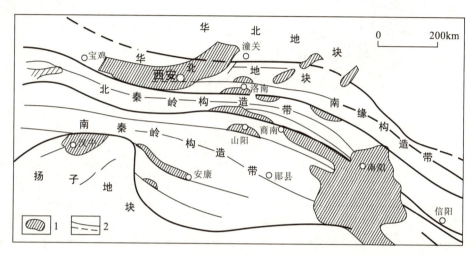

图 6-2 秦岭造山带主要构造带划分图
1.中、新生代沉积盆地；2.主要断层

北秦岭造山带：北界为洛南-栾川断裂，南界为商丹缝合带，呈东西向展布，其内分布有宽坪岩群、二郎坪群、秦岭岩群等岩石地层单元，以瓦穴子断裂和朱夏断裂为界，可进一步分为：纸房-宽坪逆冲构造带、二郎坪古生代断陷盆地、北秦岭南部逆冲断裂带3个次级构造单元。但总体上因碰撞造山作用影响整个北秦岭造山带，呈一由北向南逆冲的叠瓦逆冲推覆构造带。与之相应，区内构造形迹也主要以逆冲推覆作用过程形成的不同级别、近东西向次级断裂和伴随推覆构造形成紧闭线性构造为主。

南秦岭造山带：介于商丹和勉略两条缝合带之间，也称为秦岭微板块，是秦岭造山带现今主要的组成部分。原曾是一独立的岩石圈微板块(地体)，晚古生代以来有别于其南部的扬子陆块与北部的华北陆块，而独具特色，其内突出有众多古老基底抬升的穹形构造，控制着其内的沉积古地理环境与构造变形。

三、分隔构造单元的断裂

区内深大断裂发育，构造活动强烈且多次活化，总体上是北部以北东向为主，南部主要为北西向，大体构成向东散开、向西收敛的面貌及构造体系(图 6-3)。它是漫长而又复杂的地质演化历史的集中体现，同时，还制约着地层建造、岩浆活动以及矿产的分布。

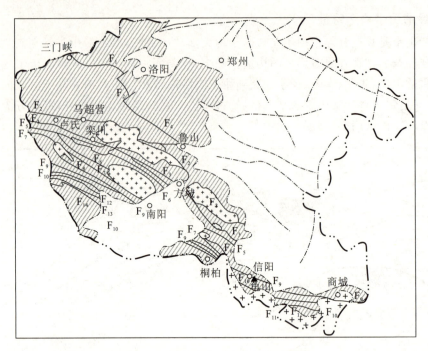

图 6-3 河南省主要构造分布示意图

F_1.三门峡-鲁山断裂；F_2.马超营-确山断裂；F_3.栾川-明港断裂；F_4.景湾韧性断裂带；F_5.瓦穴子-小罗沟断裂；F_6.邵家-小寨断裂；F_7.朱阳关-大河断裂；F_8.寨根韧性断裂带；F_9.西官庄-镇平-松扒断裂和龟山-梅山断裂；F_{10}.丁河-内乡韧性剪切带和桐柏-商城韧性剪切带；F_{11}.定远韧性剪切带；F_{12}.木家垭-八里畈韧性剪切带；F_{13}.新屋场-田关韧性剪切带；F_{14}.淅川-黄凤垭韧性剪切带

第二节 区域地球物理特征与基底特征

一、区域重力场特征

河南省位于北北东向大兴安岭-太行山-武陵山重力梯级带与北西西向西安-南阳-信阳负值重力异常带之交会部位北缘，即莫霍面陡变带与北西西向幔坳带的交会处，是壳幔异常变化的地带，在大地构造上应是有利的成矿部位。

从河南省布格重力异常图(图 6-4)上可以看出，区域重力场的基本特征是重力场强度从西部正值向东部逐渐变为负值，东部省界达到最大负值。区内重力异常具有南北分区、东西分带的特点。以栾川—维摩寺—羊册—明港一线为界，以北为华北重力异常区(正值带)，以南为秦岭重力异常区(负值带)；以太行山-武陵山重力陡变带为界，以东为重力正异常带，以西为重力负异常带。异常轴向多为北西和北东向交叉展布。

华北陆块重力场特征：重力异常等值线方向以北北东向为主，北西向次之。重力异常范围大，有重力低带和重力高带，可分为3个小区。即位于豫东(南)的长轴北西及北东向的重力场区，位于嵩山及鲁山一带的大面积平稳重力高异常区和分布于华熊区的呈北东东向梯级带形式出现的重力异常区。

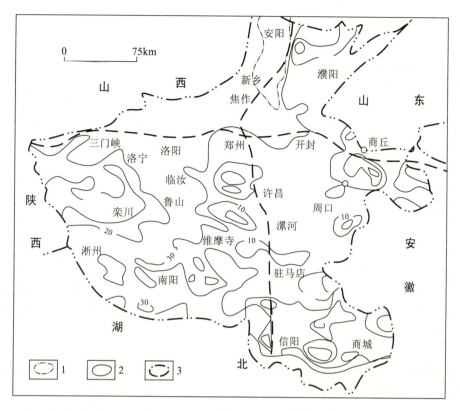

图 6-4 河南省布格重力异常分布图
1.负等值线；2.零等值线；3.正等值线

秦岭造山带重力场特征：本区重力场表现为区域重力高值带，重力异常强度由东向西逐渐降低，即由－10～30mgal(1毫伽＝1mgal)降到－50～70mgal，本区划分为4个小区，即位于南阳盆地以西的西部异常区、位于南阳盆地—平昌关盆地的中部异常区、位于平昌关盆地以东的东部异常区和北秦岭异常区，场值－104×10^{-5}～198×10^{-5}m/s^2。异常呈东西带状分布，东西两端受酸性岩体影响产生局部重力低，总体为重力高带。

二、区域磁场特征

根据晋、豫、陕交界地区磁异常资料，大致可划分为3种类型异常区。

(1)南部华山—鲁山一线以南，为变化磁异常带，呈东西—北西西向弧形分布。该区又可进一步分为华北陆块南缘和秦岭造山带两部分：在栾川—维摩寺—羊册—明港—固始一线，形成一条连续的正磁异常带，其北为华北陆块南缘，其南为秦岭造山带，显示出不同的磁场特征。华北陆块南缘磁场开阔平缓，正负磁异常过渡，梯度值小，异常面积大，仅在南部边缘地区，磁异常带杂乱，反映出古老地层基底的隆起特征。秦岭造山带磁场呈正负相间出现，幅值变化较大，正磁场强度一般为100～200nT，最大值800～1260nT，负磁场强度多在0～－200nT，最小值达－800 nT。磁异常呈北西或北西西向带状展布，其长轴方向与区域构造线基本近似。

(2)济源—嵩箕东西向平缓正负异常相间区，磁异常带呈北西西—东西向分布。

(3)中条山一带乃至安阳西部，强磁异常带呈北东向分布。

三、深部构造特征

(一)莫霍面形态特征

莫霍面以纵贯我国东部的北北东向重力梯级带(即河南省安阳—宝丰—湖北宜城一线)为界分成东西两大不同结构单元,东部地壳厚30km,西部到豫陕交界处加深至厚36km,落差6km左右。

(二)地壳结构特征

由地震资料反演得到的界面深度、层速度v及品质因数Q等成果。该剖面显示地壳呈多层结构,与大陆地台型地壳相似。在平面上发现3条超壳断裂,可作为划分大地构造单元的分界线。

华北陆块南缘带位于栾川断裂以北,分为上、中、下3层,层次简单,层速度v及品质因数Q值较高。秦岭造山带位于栾川断裂以南和淅川断裂以北之间,与华北陆块不同的是地壳分层多,存在较厚的中地壳层,栾川断裂—瓦穴子断裂之间,地表主要为宽坪群变质岩系和燕山期花岗岩,这一段除莫霍面以外地壳内部没有反射层,莫霍面深度30.8km,速度6.05km/s。该带处于秦岭造山带与华北陆块的接合部,地壳的高度变形与岩浆活动破坏了分层结构。栾川断裂以南有超壳断裂F_1存在。瓦穴子断裂与朱夏断裂之间地表主要为二郎坪群海相火山沉积建造,上地壳速度6.06km/s,厚度12km;中地壳速度5.70km/s,厚度11.6km;下地壳速度6.81km/s,厚度8.8km。朱夏断裂至商丹断裂之间地表为秦岭岩群变质岩系,上地壳和中地壳均分两层,下地壳为一层,中间存在F_2超壳断裂。商丹断裂与淅川断裂之间为元古宇陡岭群岩系变质岩等,上地壳分为3个速度层,地壳总厚度13.2km,速度为5.39~6.18km/s;中地壳为低速层,厚度11.9km,速度为5.70~5.94km/s;下地壳厚8.4km,速度为6.66km/s。该段有F_3超壳断裂存在。可见研究区地壳厚度变化不大,华北陆块、秦岭造山带和扬子陆块都是活动在同一上地幔顶部的3个构造块体。

第三节　区域构造演化与新生代沉积盆地形成

一、区域地质构造演化

河南省新生代沉积盆地的发生与演化显然不是孤立的事件,而是与河南省地质构造演化有着密切联系,印支期的碰撞造山运动后,秦岭及邻区新生代已进入板内地质作用过程,该过程受特提斯域和太平洋域构造的复合作用。

白垩纪特别是晚白垩世以来,中国大陆中东部地区又进入了既受太平洋动力体系制约,又受南特提斯洋俯冲关闭、印度板块与欧亚板块碰撞影响的演化阶段。

该阶段构造活动的重要特征是:东部濒临西太平洋大陆边缘的板内岩石圈减薄的伸展裂陷作用,造成古近纪、新近纪的断陷沉积,同时期中国中东部广大地区因受不同区带断裂和块体边界及其活动方式的影响,形成的古近纪、新近纪的断陷、走滑拉分的陆内沉积盆地在构造单元、构造线方向上也显著不同。它们的形成实质是区域深部地幔动力大规模调整,岩石圈的不同层次响应造成太平洋板块向北西—南西方向俯冲和特提斯洋盆向北—北东方向俯冲,印度板块与欧亚板块碰撞,喜马拉雅造山和青藏高原隆升的区域挤压作用动力学背景下,地壳顺势调整适应,并因结构构造和边界条件的差异性,地壳隆升、蠕散而伸展所致。

值得指出的是,中国大陆中东部地区在印支期造山之后,突出显示了北北东—近南北向构造的形成发育。该构造也以叠加、改造方式发育在秦岭造山带中,造成秦岭带中在优势的近东西向构造带背景上,叠加了近南北向的隆、坳。南(阳)襄(阳)新生代盆地分隔东秦岭构造带和大别山构造带的区域构造面貌即为其突出例证。

二、构造运动与盆地形成

总的说来,区内从印支运动褶皱成山以来,一直在不断活动着,地壳运动时强时弱。主要的大活动期为古新世—早始新世晚期间的喜马拉雅运动Ⅰ期,古近纪早—晚期、新近纪间的喜马拉雅运动Ⅱ期及以后的新构造运动。该区新生代地壳运动的活动主要是小规模的断裂和整体抬升。地壳运动宁静期是盆地的主要沉积期。

与构造活动期对应,新生代盆地的发育大致可划分为4个阶段:①古新世时受晚期燕山运动的影响,原有盆地的范围因区域构造运动使地壳伸展拉张而明显扩大,并产生了不少新盆地,其中的一些盆地可能彼此连通,发育了大套褐红色粗细不等的碎屑岩、不纯的泥质岩;②始新世为盆地稳定下沉期,该期地壳运动及沉积环境相对稳定,沉积了艳、暗色调相间以细粒为主的地层;③渐新世明显抬升期,沉积了数百米厚的灰棕色碎屑岩;④上新世盆地消亡期,强烈的第Ⅳ期喜马拉雅地壳运动使秦岭明显的抬升,遭受剥蚀夷平;到中新世晚期才又开始接受沉积,原有的盆地已缩小并被分割成小而分散的小盆地,沉积了成岩作用较差的泥岩及砂砾岩;新近纪后红色盆地消失,主要受地形影响,在不同的地貌位置发育不同类型的第四系。

1. 始新世盆地的稳定沉积

晚白垩世至古近纪,河南省地质构造表现为东西向分异显著,东部活动强烈,西部相对比较稳定,从而改变了南北汇聚为主的构造运动形式。由于太平洋板块向西俯冲及河南省深部构造格局背景,华北地区沿沈阳—渤中—利津乃至河南省北部,产生强大的张应力,形成一系列正断裂。河南省北北东向深断裂系就是在强大的拉张作用下形成的,由于拉张作用的影响,使北西西向断裂重新活动,进而与北北东向断裂联合,控制河南省新生代沉积盆地的发生和发展。

2. 渐新世盆地的逐步抬升

渐新世的沉积反映了秦岭东段在始新世后期明显抬升,剥蚀快,堆积也快,风化剥蚀产物随水冲进盆地,形成了较厚的洪积-冲积相地层。这些地层仍然受主断裂的控制,和其下伏地层有着相同的产状,并沿盆地长轴呈带状分布。总体上看,秦岭东段渐新世时的气候也应是比较温热的,气温可能比始新世的要高,而雨量相当充沛。

3. 中新世的块体抬升及盆地消亡

上述渐新世沉积后,发生了强烈的地壳运动——晚期喜马拉雅运动,它使整个秦岭东段已形成的地层受到挤压、抬升。渐新统及其以下的地层产生不同程度的变形。一般说来,上白垩统及新生界都只呈现宽缓的褶皱，或仅为单斜层（向主断层所在一边倾斜），直到中新世晚期，原来的盆地已基本不复存在，而是缩小或分隔成一些小的水盆。

值得注意的是，本区的上中新统除岩性特征外，其产状和分布都与盆地中较之要老的地层不同。它们分布零星，厚度都不太大，除在边坡地带的外，产状都是水平的。喜马拉雅运动在秦岭是剧烈而明显的，它的作用在许多方面造成深刻的影响，使古近系、新近系能够被很好地划分开。

这些古近系的零星分布和水平产状已显示出本区晚新生代地层的发育和分布不受或越来越少受老构造格局的控制，而受地形变化的影响越来越多。

至此，以整个盆地形式下沉接受沉积的历史基本结束，秦岭山脉仍继续整体上升，原来的这些山间盆地内的地形产生分化，逐步出现现代大、中型河流的雏形。

三、典型盆地实例介绍

（一）舞阳凹陷盆地演化史

1. 断陷阶段

进入古近纪，中国东部应力场发生急剧活化，由原来的挤压应力控制转变为拉张应力控制。由于古生代基底活动而形成新生代凹陷雏形。玉皇顶组沉积时期，舞阳凹陷边界叶鲁断裂及舞参1号断裂、舞参2号断裂等形成，且叶鲁断裂西段活动较强烈，东段活动微弱，舞参2号断裂（凹陷东部玉皇庙以东）活动较叶鲁断裂东段强烈，舞参1号断裂活动强烈，大仓房沉积时期持续活动，是控制玉皇顶组、大仓房组沉积的主干断裂。因此玉皇顶组、大仓房组沉积中心位于舞1号断裂下降盘，总厚度大于3000m。

2. 断坳阶段

核三段沉积时期，舞阳凹陷西部继承了前期构造特征，其北部叶鲁断裂持续活动并控制沉积，而东部边界断裂仍然活动弱，到核二段沉积时期北部边界断裂活动强度有所加大，整条断裂活动强度相当，相应的凹陷内形成众多次级断层，并使前期构造复杂化，凹陷由断陷转为断坳式沉积。核一段沉积时期边界断层持续活动并趋于平缓，凹陷内断裂不发育。

3. 坳陷阶段

廖庄组沉积晚期，舞阳凹陷北部边界断裂活动趋缓，湖盆整体抬升回返，水体变浅而消亡。

总体来看，舞阳凹陷构造演化经历了核桃园组沉积前期到核二二沉积末期的基准面上升、南边界扩大和核二一沉积前期到现今沉积的基准面下降、南边界北移的过程。现选取地震测线剖面218.5测线、251.5测线进行构造演化与沉积充填分析并得出完整的构造演化图（图6-5、图6-6）。

（二）吴城盆地演化史

吴城盆地是在始新世卢氏期才开始生成，并在始新世垣曲期结束的内陆山间盆地，在它短暂的整个发育过程中，始终保持了良好的封闭性。

始新世卢氏期，盆地开始形成，接受沉积。在毛家坡组和李士沟组沉积期，湖盆范围和现在盆地范围略同，只是南岸可能比现今盆地更偏北，在盆地北坡和西坡都见有坡积相沉积。西

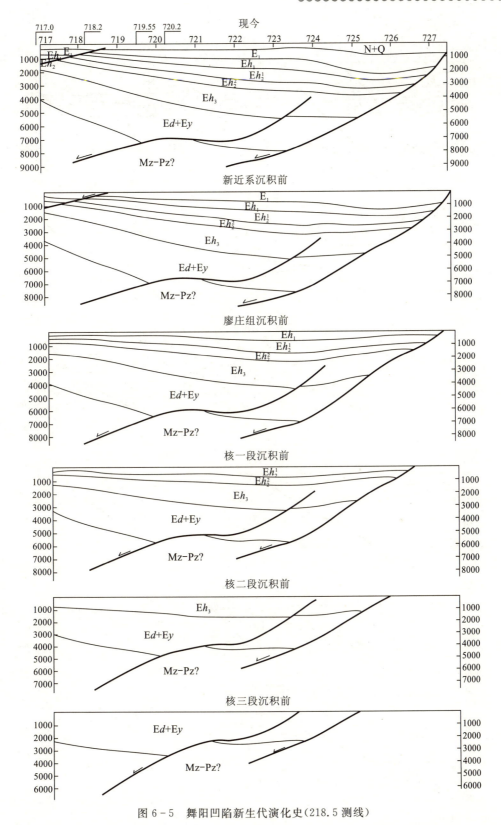

图 6-5 舞阳凹陷新生代演化史(218.5 测线)

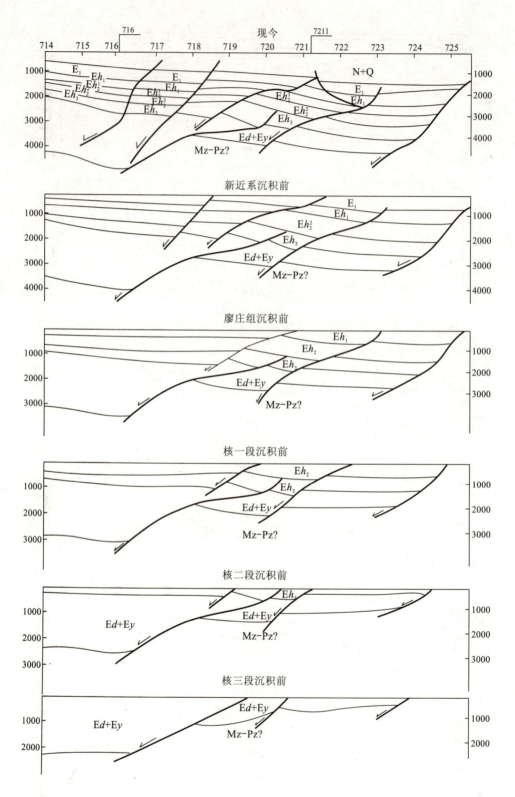

图 6-6 舞阳凹陷新生代演化史(251.5 测线)

北角毛家坡和东北角固县镇各有一条河流注入湖盆,成为湖水的主要来源。当时湖水不深,滨湖相分布很广,浅湖相只分布在东起申铺,西止沈楼,北到拐沟,南至刘庄和月河之间的地区。当时南部山势高峻雄伟,风化产物直接冲击而下,山麓相沉积范围较大,而北部主要是低缓丘陵,浅水湖泊相沉积偏盆地北坡,整个沉降中心位于盆地中心偏南,最大沉积厚度过千米。在毛家坡组沉积时,气候炎热干旱,有时雨量较多,沉积了一套紫红色砾岩、砂砾岩、砂岩。李士沟组沉积期古气候由干热逐渐向湿润过渡,沉积物自下而上由灰黄、灰绿色砂砾岩、砂岩向粉砂质泥岩夹油页岩过渡,脊椎动物和植物都很繁盛。

到了五里墩组沉积期(始新世垣曲期),盆地进入以干旱为主的气候阶段,湖水明显缩小了范围,拐沟、泉水庄、李士沟已经是沿岸平缓地带,月河店、淮河店也可能不在水中了。两条河流依然存在,但变为季节性间歇河流,只是在气候相对潮湿、雨量较多时才向盆地汇水,而在干旱时可能断流。此时,沉积中心仍在盆地南部,呈一东西向长条,且长条的两端更深些,成为相邻的两个中心,最大沉积厚度 1000m 左右。油页岩及盐碱矿的沉积中心比盆地中心略偏北。五里墩组沉积期,盆地北部陆源区相对抬升,物源供给作用逐渐增强,导致油页岩及盐碱矿的沉积中心自西北向东南逐步迁移。

五里墩组下段形成早期,即盐碱矿下段沉积期,吴城盆地的沉积环境由李士沟组时期的差异沉降较明显、陆源碎屑供给为主的动荡滨浅湖环境,过渡为地形差异较小、陆源碎屑供给较弱、构造环境较稳定的静水水体环境。此时,虽然干湿气候交替,但湿热气候作用较强,湖水含盐度相对较低。沉积了灰色泥岩-棕褐色油页岩韵律组合,油页岩多为劣质油页岩,单层厚度较薄,含大量反映弱还原—还原环境的星点状、结核状黄铁矿。

至五里墩组下段的天然碱段沉积期,吴城盆地整体处于干热—湿热交替但以干热为主的气候背景下,在短暂的气候相对湿热阶段,降雨量相对较大,盆地整体处于浅湖环境,盆地周缘陆源碎屑供给弱,形成了油页岩-天然碱-泥质白云岩韵律组合或油页岩-天然碱-盐岩-天然碱-泥质白云岩韵律组合。此时,气候以干热背景为主,间有气候相对湿热阶段,湖水含盐度较高,先后达到天然碱和岩盐沉淀的临界浓度,天然碱和盐岩沉积使 Na^+ 离子大大减少,Ca^{2+}、Mg^{2+} 离子浓度增高,继而沉积了白云岩。白云岩沉积后,气候变为短暂湿润,又回到了油页岩的沉积环境,盆地周缘主要生长灌木群,适应碱滩环境的麻黄发育,从而形成了分布广泛的薄层—中厚层油页岩。进入干热气候阶段,蒸发量远大于降雨量,适宜油页岩发育的浅水湖盆,水体规模逐渐萎缩,含盐度逐渐升高。由于该沉积期,盆地南部为太古宙混合片麻岩系,盆地北部为元古宙片岩系。特别是盆地南部的太古宙混合片麻岩系富钠贫钙,钠长石含量非常高,钠长石风化形成了大量的 $NaHCO_3$。

至五里墩组下段的盐碱矿上段时,盆地北部陆源区的物源供给作用已经占主导,南部物源的供给作用已经较小,盆地南部富钠贫钙的太古宙混合片麻岩系对盆地的 Na 供给作用已经较弱。已无法使 $NaHCO_3$、$NaCl$ 的含量再次达到饱和,在干热—湿热交替、总体干热程度仍然比较强的背景下,只能使 $CaMg(CO_3)_2$ 含量达到饱和,从而形成了以油页岩-泥质白云岩为主的韵律组合。

至五里墩组中段沉积时,气候逐渐向湿热环境转化,降水作用增强,湖盆水体含盐度逐渐降低,再也无法形成大量的化学沉积物,主要形成了灰黄、灰褐色粉砂质泥岩与油页岩的韵律组合,仅局部地段形成了泥灰岩薄层。

至五里墩组上段(原大张庄组)沉积时,盆地内转为较湿润的气候环境,孢粉组合中裸子植物比以前有明显下降,被子植物趋于多样化,常绿落叶、阔叶树种增多。

受喜马拉雅运动影响,在五里墩组沉积末期,吴城盆地回返上升,结束了沉积盆地的历史,而且已经沉积的古近纪地层发生了挠曲和小断裂,盆地中心相对下降。在盆地中南部凹陷地带接受了新近纪的沉积,主要为山前堆积和河流相沉积。

(三)濮阳凹陷盆地演化史

濮阳凹陷古生代以来经历了两个大的成盆旋回,即早古生代至三叠纪的克拉通盆地旋回和新生代的裂谷盆地旋回。东濮凹陷的构造特征受基底结构及两个成盆旋回的控制。

1. 克拉通盆地演化旋回

东濮凹陷基底为太古宇结晶基底,元古宙一直处于隆起状态,未接受沉积。早古生代开始,本区进入伸展背景下的海相克拉通盆地演化阶段,构造以整体升降为特征,断裂、褶皱、岩浆活动基本不发育,沉积了一套以碳酸盐岩为主的下古生界海相地层。中奥陶世末期,受加里东运动影响,华北地区整体抬升,结束了克拉通内海相盆地的发育历史。中石炭世开始,本区再次沉降,接受了左右的以滨浅海沼泽相含煤碎屑岩夹碳酸盐岩组合为主要特征的沉积。二叠纪时期,克拉通内坳陷转变为大型内陆湖盆,发育陆相碎屑岩含煤沉积。石炭纪—二叠纪期间,在克拉通盆地内部以舒波状的隆坳为主,为伸展背景下的近海克拉通盆地。受海西运动影响,晚二叠世逐渐演化为挤压背景下的大型克拉通内盆地。早、中三叠世,仍为大型内陆盆地,与二叠纪连续沉积,内陆盆地的范围相对缩小,湖泊相沉积逐渐转变为河流相沉积。中三叠世末期,华北地台发生了印支运动第一幕,主要表现为近南北向的强烈挤压作用,东濮地区全面抬升,克拉通盆地演化结束。中生代侏罗纪—白垩纪,本区持续隆起,遭受剥蚀,而南北两侧的中牟凹陷、莘县凹陷则下降接受沉积。克拉通盆地在经历了中生代长期剥蚀和新生代断陷改造后,现今呈残留盆地面貌。

2. 新生代盆地演化旋回

渤海湾盆地的基本格局是古近纪以来的新生代盆地格局,确切地说是始新统沙河街组三段沉积时期以来的盆地格局。东濮凹陷新生代盆地演化从形成到消亡经历了古近纪的裂陷沉降阶段(Es^4—Ed)和新近纪—第四纪后期的坳陷沉降阶段(Ng—Q)两大构造旋回。其中古近纪裂陷作用又划分为早期断陷阶段、强烈断陷阶段和晚期断陷阶段,分别对应着孔店组—沙河街组四段、沙河街组三段和沙河街组二段—沙河街组一段—东营组沉积发育期3个阶段。

1)早期断陷阶段

该阶段相当于孔店组—沙河街组四段沉积时期。其中孔店组的发育厚度与分布范围可能差异性较大,有些地区尚有争议,目前仅在西洼南部有所发现,其他地区可能遭受剥蚀。沙河街组四段则分布较广,反映了断陷规模与范围的逐渐扩展,推测该时期的断陷可能分割性较强,不同地区断陷的发育程度差异性较大。该期东界兰聊断层的活动使凹陷略呈东北倾的单斜,盆地地势平坦,水体分布范围广,沉积体系单一。沙河街组四段沉积期结束后,凹陷已呈双断式半地堑盆地,基底向东倾斜的幅度达最大量级,其不均衡的差异活动也加剧,从而使统一的凹陷解体,两洼(东、西两洼)一隆(中央隆起带)一坡(西斜坡)的构造格局已具雏形(图6-7)。

2)强烈断陷阶段

该阶段相当于沙三段沉积时期。该时期具有沉积范围大、幅度扩大、断陷作用强、拉张量

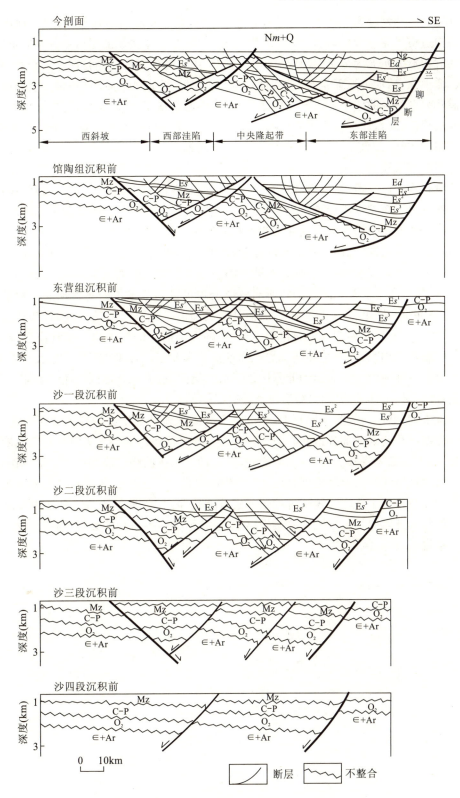

图 6-7 濮阳凹陷新生代平衡地质剖面图

大、沉积厚度大、湖盆较深等特点。兰聊、长垣、文西和黄河断层活动强烈，纵贯盆地南北的两洼一隆的构造格局完全确立，构造形态更为复杂。由于受控于兰聊断层活动的基底形态不同，南部地区的构造展布尤为复杂，表现为隆中有洼、洼中有隆的局面。湖盆周缘为众多小山系环绕，构成“低山深盆”的古地理景观。该时期控盆断层的垂直断距、水平伸展量及发育的地层厚度在东濮及邻区的各断陷中均占有主体地位，沉降中心在前梨园、葛岗集、柳屯和海通集洼陷。在强烈断陷阶段，湖盆北部发育多套巨厚岩盐，岩盐主要分布在沙三 1 亚段至沙三 4 亚段，岩盐总厚度超过 1000m，该阶段是岩盐发育的最主要时期。

3)晚期断陷阶段

该阶段相当于沙二段、沙一段和东营组沉积时期。在沙三段沉积末—沙二段沉积初，本区及邻区可能发生了短期的构造抬升事件，庄临清地区的沙三段与沙二段之间可见不整合接触，但在东濮凹陷主要表现为水体变浅和沉积物粒度变粗。其中沙二段沉积时期可能为强烈断陷与晚期断陷的过渡时期，总体上看具有断坳盆地的特征，表现为在水体变浅、断陷作用减弱的同时沉积范围有不同程度的扩大，如在东濮凹陷与莘县凹陷之间的范县构造、东濮与中牟凹陷之间的兰考-胙城凸起以及东濮凹陷的西部斜坡上均可见到沙二段的超覆现象。到了沙一段和东营组沉积时期，断陷作用又有所增强，但其活动强度已远不及沙三段时期，并且该时期的地区差异性较大，断陷和局部的隆起作用并存，凹陷内部的分隔性加强。东营期兰聊、长垣和黄河断层活动再次加强，并在这些断层的下降盘快速堆积了巨厚的沉积物，湖水急剧退缩，以河流相充填占主导地位。华北运动Ⅱ幕使该区快速抬升，造成东营期区域性的剥蚀。

4)新近纪盆地整体坳陷发育时期

渐新世末期，盆地的裂陷作用基本结束，整个渤海湾地区发生区域性隆升而使湖盆萎缩，并使区内先期沉积的地层部分遭受剥蚀夷平。这一次升降运动是整个渤海湾地区由断陷转为坳陷的标志，漆家福等将其命名为“渤海湾升降”运动。东濮凹陷在弱伸展和热缩减作用下，早先的裂谷型盆地演变为大型坳陷型盆地，大面积分布的以新近系及第四系河流相沉积为主的红色碎屑岩建造整体不整合覆盖于古近纪的裂谷期层序之上，早先的断陷盆地内及断陷之间不同规模的凸起及隆起均发生沉降并接受沉积，总体形成一种典型的裂谷-坳陷型盆地叠加的“牛头式”结构。

第七章　河南省新生代沉积盆地盐类矿产资源

第一节　新生代沉积盆地盐类矿产分布

在众多的河南省新生代沉积盆地中,已发现盐类矿产的有舞阳凹陷、吴城盆地、泌阳凹陷、濮阳凹陷、汤阴盆地、元村凹陷、济源凹陷、中牟凹陷、黄口凹陷、交口凹陷、卢氏盆地、洛宁凹陷、宜阳凹陷、潭头盆地、夏馆-高丘盆地、李官桥凹陷、南阳凹陷、太和凹陷等盆地。其中,岩盐产于舞阳凹陷、吴城盆地、泌阳凹陷、濮阳凹陷内,天然碱产于吴城盆地、泌阳凹陷,石膏在上述各盆地内都有分布。

第二节　主要含盐盆地盐类矿产资源特征

河南省新生代盆地盐类矿产资源丰富,现将主要凹陷矿产情况介绍如下,其余凹陷见河南省新生代沉积盆地(凹陷)矿产表(表3-1)。

一、舞阳凹陷

舞阳凹陷沉积的主要矿产有岩盐、石膏、杂卤石、油页岩、石油等。

(一)岩盐

舞阳凹陷岩盐石膏分布于叶县及舞阳县境内。面积约185km^2。主要赋存于古近系核桃园组,以核一段为好。为岩盐、膏岩盐及含膏、含盐泥岩与泥岩、粉砂盐互层。盐层以纯岩盐,膏岩盐和含盐泥岩3种形式出现。石膏以膏盐岩及含膏泥岩2种形式出现。岩盐层多,厚度大,如WK1井岩盐厚425.67m,共55层,单层厚1~22m,一般为5~12m。预测岩盐资源储量(矿物量)706.31×10^8t,在核桃园组局部见有杂卤石矿化。

(二)油页岩

油页岩主要赋存于核二、三段,计有2~5层,单层厚1~3m,总厚6m以上。常为泥膏岩和岩盐,底板埋深1157~2886.5m,推测分布面积500km^2。

(三)石油

生油岩是核桃园组,以灰、灰黑色泥岩夹砂岩和膏盐层为主。暗色泥岩厚600~1450m。

有机质丰度较高,有机碳为 0.75%～1.35%,氯仿沥青"A"0.07%～0.16%,生油门限深度 2400～2600m,有效生油岩面积达 625km², 厚 600m。已有数口井见油气显示,生储油条件好,为Ⅱ类含油气远景区。预测资源量 0.57～0.60×10⁸t。

二、泌阳凹陷

泌阳凹陷沉积的主要矿产有天然碱、石膏、石油、油页岩。

(一)天然碱

据 1991 年河南油田资料,在安棚附近施工钻孔中有 22 口见碱,圈定碱矿面积 10.74km²。碱矿赋存于古近系核桃园组的核二段、核三段。矿呈固相及液相产出。固相矿呈层状出现,次为似层状、透镜状或团块状。其顶底板大多为泥质白云岩、油页岩或泥岩。矿层厚 0.1～7m,多数小于 0.1m。矿层多达百余层,呈薄层密集产出。据安 3 井终孔深 3200.5m,钻遇核桃园组视厚 2525m(未穿),均为暗色地层,含碱 11 个层位,累计厚 41.5m。据云 9 井,终孔 2850m,核桃园组(未穿),含固碱 8 层,累计厚 12.4m。天然碱矿埋深浅、储量大。截至 2010 年底累计查明资源储量天然碱矿物量 6374×10⁴t,保有资源储量矿物量 5652.9×10⁴t。

(二)石膏

泌阳凹陷含膏岩系以安棚为中心分布面积约 25km²。石膏主要赋存于古近系上部廖庄组的棕红色、灰白色砂岩、泥岩之间。共有 5 层石膏矿,单层厚 1～11.54m,总厚 29m。5 层间隔 10～25m,埋深在 134～338m 之间,石膏以泥膏为主,纤膏次之,呈层状、似层状,产状平缓(2°～5°)。石膏含量最高 78.73%,一般在 65%左右,局部有钙芒硝矿化。累计查明资源储量(矿石)42 018×10⁴t。

(三)石油

泌阳凹陷目前共发现 6 个油气田,即双河、下二门、赵凹、安棚、王集、井楼。有效生油岩面积 592km²,生油岩厚度 800m。主要为古近系核桃园组,以核三段为主,生油岩丰度高,有机碳为 1.27%～2.05%,氯仿沥青"A"为 0.12%～0.19%,羟含量最高为 1455×10⁻⁶。为小而富的油田。

(四)油页岩

油页岩赋存于古近系核桃园组,与石油、天然碱共生核段油页岩为数层至 94 层,单层厚 0.5～17m,总厚达 251.75m。核二段为数层至 65 层,单层厚 0.5～22m,总厚达 306m。核三段为数层至 45 层,单层厚 0.5～10m,总厚达 140.5m。如安 3 井油页岩多达 204 层,单层厚 0.5～22m,总厚达 708.25m,埋深 820～3200.5m。经对安 1 井和安 3 井油页岩取样分析,发热量比较低,为 Qdf370～1400cal/g。据安 1 井、安 3 井和油田钻井资料分析,该凹陷油页岩分布面积约 500km²,埋深 600m 以下。具体储量、质量有待进一步工作。

(五)膨润土

在泌阳凹陷西南边部,井楼南白土沟一带见到新近系凤凰镇组地层,岩性为灰绿色钙基膨润土与泥质粉砂岩、粉砂质泥岩互层。矿经 X 射线衍射,底面间距"A"为 13.28。成分脱蒙石 80%(Ca 型),石英 15%,长石 5%,活性度 188.4,脱色力 238.5。矿厚大于 3m。

三、吴城盆地

吴城盆地沉积的主要矿产有天然碱、岩盐、油页岩等。

(一)天然碱、岩盐

含盐天然碱,位于五里堆下段的中下部,分上、下 2 个矿段,7 个矿组,36 个单矿层。下矿段(天然碱矿段)分Ⅰ~Ⅲ三个矿组,15 个单矿层,单层厚 0.5~2.38m,含 Na_2CO_3 40%~60%,平均 54.90%,NaCl 一般小于 0.3%,个别 1%。上矿段(盐碱段)分Ⅳ~Ⅶ四个矿组,21 个单矿层,单层厚 1~3m,最厚 4.56m,含 Na_2CO_3 20%~40%,NaCl 20%~60%,平均 Na_2CO_3 33.96%,NaCl 45.55%。

盐类矿产,分布在盆地中心偏北缓坡山,面积 4.66km^2,埋深 642.76~973.78m,产状较缓(8°~10°),呈多层状产出。

截至 2010 年底:累计查明 Na_2CO_3+$NaHCO_3$ 为 3377.86×10^4t,NaCl 为 1769.4×10^4t,保有储量天然碱为 3177.26×10^4t,岩盐(矿物量)为 1769.4×10^4t。

(二)油页岩

吴城盆地北部油页岩,主要分布在月河和陈留河之间,面积 84km^2,初勘面积 42.62km^2。埋深由露头至 970m。赋存于古近系五里霍组的灰绿色粉细砂岩、粉砂质泥岩及泥灰岩中。共分 11 个矿组,124 层,油页岩层多而薄,单层厚 0.3~1.2m,最厚 3.79m,总厚 40.15~66m。可采矿层总厚 3.48~13.40m,总平均含油率 6.12%,储量 5459.5×10^4t。

在吴城盆地中部,油页岩与天然碱矿共生,范围超出天然碱分布的 4.66km^2。油页岩在含矿段密集分布,与天然碱泥质白云岩组成基本韵律,为常吴天然碱矿的底板。油页岩 7~149 层,单层厚 0.3~1m,最厚 4m,含油率 4%~6%。仅计算与主要盐碱矿层同韵律之油页岩 20 层的储量为 5684.76×10^4t。

四、东濮凹陷

东濮凹陷内分布的主要矿产为岩盐、石膏、钙芒硝、油页岩、煤、石油、天然气等。

(一)岩盐、石膏、钙芒硝

东濮凹陷,膏、盐主要分布于黄河以北,赋存于古近系沙河街组,以沙三段及沙一段为主,次为沙二上段及沙四上段,岩性为岩盐、泥膏岩、泥岩及灰质页岩等组成多复含盐韵律层,有 53 个韵律。岩盐单层厚 10~30cm,质纯,多为白色透明,部分由于铁染为浅紫红色。石膏为灰白色或浅灰色晶体,纹层状常与泥(页)岩互层,呈黑白相间纹层,单层厚 1~3cm。

纯盐厚度:沙一段为 120m,沙二段为 100m,沙三段为 230m,沙四段为 250m。岩盐累计厚度大于 1000m。岩盐、石膏埋深 1800~4000 余米,估算岩盐资源储量 6434.6×10^8t。

(二)油页岩

东濮凹陷油页岩:在古近系沙河街组的一段至四段均有,呈黄褐色与深灰色的泥岩、泥灰岩、白云岩互层。与石油、盐类共生，油页岩达几十层，单层厚 0.5~4m，埋深 1000m 以上。

（三）煤

煤在豫深 1 井的新近系馆陶组地层中夹一层煤。其质量、厚度不详。

（四）石油、天然气

东濮凹陷地跨河南、山东，油区主要在河南，已发现 4 个油田（气田）（有文留油气田、濮城油田、卫城油田、文明寨油田，已投入开发）和 9 个含油气构造（白庙含气、马厂含油、古云集含油及这河寨、桥口、新霍、徐集、张河沟、爪营含油构造）。沙河街组均为生油岩系，以沙三段、沙四段生油条件最好，生油岩系，最厚达 1500m，有机碳为 0.6%~0.9%，氯仿沥青"A"0.06%~0.11%，为成熟—高成熟生油岩。而沙一段、沙二段生油岩系最厚达 700m，生油指标偏低属低成熟—成熟生油岩。此外，东营组及孔店组局部地区发育一定厚度的暗色泥质岩，具备生油条件，可作为凹陷的油气源区。

第八章 新生代沉积盆地含盐岩系特征

第一节 含盐岩系剖面结构特征

河南省新生代沉积盆地含盐岩系属陆相-化学岩型沉积。所谓含盐岩系是指在一定时期内,盐湖由开始形成发展到衰亡的全过程中所沉积的一套岩层。它是盐湖发生、发展演化的历史记载,研究它可以恢复古盐湖的发展历史和演化过程,是探讨古盐湖环境和沉积特征的重要依据。

一、盐类沉积的多旋回性和多级韵律性

陆源碎屑-化学岩型盐类的沉积环境多变,物质来源具多源性,使其含盐岩系剖面的物质组成和结构甚为复杂,盐类沉积的多旋回性和多级韵律性的特点十分突出。

（一）多旋回性

陆源碎屑-化学岩型盐类沉积的最明显特征是沉积的多旋回性。由于气候、盆缘物质等因素的影响,在盆地演化过程中,其沉淀物表现出有规律的反复交替的多旋回性。以泌阳凹陷为例,自晚白垩世凹陷形成开始到古近纪末,是凹陷的主要发育时期,由于构造运动和断裂活动的强弱不同,使湖盆经历了发生、发展和消亡的过程,表现在沉积物特征上则构成粗—细—粗和红—黑—红的完整旋回。早期充填阶段,从早白垩世到古近纪的玉皇顶组和大仓房组,沉积了一套红色、粒粗的砂砾岩;中期凹陷稳定沉降阶段,为核桃园组早、中期沉积,是盆地发育的最盛期,发育一套较深湖相和浅湖相深灰、灰色较细的泥岩、白云质岩、油页岩和薄层粉细砂岩及碱层,湖盆经历了从淡水—咸化的发育过程;晚期凹陷缓慢上升萎缩阶段,为核桃园组晚期和廖庄组沉积时期,湖盆水体变成主要为洪积、河流相和滨湖相,沉积了一套以紫红色为主的砂岩、泥岩、劣质油页岩及膏泥岩,廖庄组末期湖盆消亡。吴城盆地也有类似情况。

Ⅰ级成盐旋回往往从含碳酸盐的泥岩开始,逐渐过渡到含石膏的泥岩,进而到岩盐和钾镁盐。发育比较完全的属吴城盆地吴城天然碱矿区,但尚缺硫酸盐沉积和岩盐沉积后的钾镁盐沉积。其他盆地的成盐旋回是否完整,有待于在以后的工作中进一步证实,如属盐岩盆地的舞阳凹陷和东濮凹陷在勘查过程中均发现了肉红色不同于岩盐的结晶体,是否为钾盐待分析化验确定。

（二）多级韵律性

多旋回性表现出多级韵律性沉积。

如在泌阳凹陷,古近纪始新世自上而下的旋回性沉积中,在其各组段仍显示出沉积韵律性。它可划分为5级韵律。

Ⅰ级韵律:古近系自玉皇顶组、大仓房组、核桃园组至廖庄组,沉积了一套代表盆地的形成—发展—回返过程的红、粗-灰、细-红、粗的物质,构成完整的旋回。

Ⅱ级韵律:古近系各组都代表一定的古地理环境沉积,有各自的沉积相特征,划为Ⅱ级韵律,共4个Ⅱ级韵律。

Ⅲ级韵律:Ⅲ级韵律各段沉积分为5个Ⅲ级韵律。

Ⅳ级韵律:Ⅳ级韵律各段中依其沉积岩性特征的进一步划分,又可将大仓房组的各段、核桃园组各段、廖庄组各段的下、中、上各部划分为23个Ⅳ级韵律。

Ⅴ级韵律:是含碱岩系的最明显特点,也是基本韵律(图8-1~图8-3)。大致有5种Ⅴ级韵律组合。

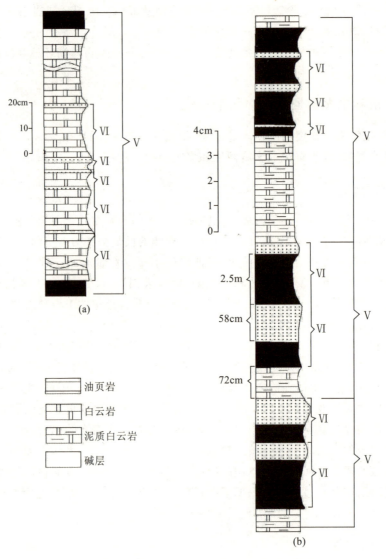

图8-1 含碱沉积韵律图

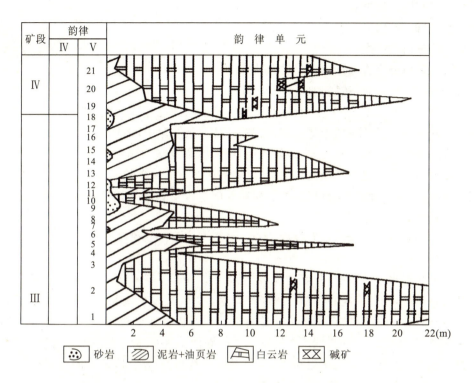

图8-2 安1井1332～1575m沉积韵律图

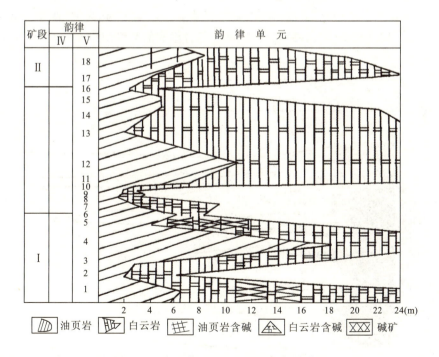

图8-3 安3井2156～2428m沉积韵律图

(1)细—粉砂岩-油页岩-白云质岩。

(2)细—粉砂岩-白云质岩。

(3)油页岩-白云质岩。

(4)油页岩-白云质岩-碱层-白云质岩-油页岩。

(5)白云质岩-油页岩-碱层-油页岩-白云质岩。

每个5级韵律都表示了一个由水进到水退的蒸发浓缩过程,但由于沉积环境、物源及地质条件的复杂性又影响了韵律的平衡发展。在前3种5级韵律中,砂岩作为一次水进的产物,总是出现在韵律底部。若水进程度差,砂体延伸不远,就可能在韵律中缺失(如韵律Ⅲ);若湖水在演化过程中生物不繁盛则可能缺失油页岩(如韵律Ⅱ);韵律Ⅳ和韵律Ⅴ为2种含碱韵律,实际上它们是白云质岩、油页岩、碱层3种沉积物不同组合形式有规律的出现,韵律的多少决定了矿层的层数。

Ⅴ级韵律一般厚3~15m,最大厚度25m。自下部到上部韵律厚度由大变小。下部岩性组合简单,上部复杂。

韵律Ⅳ反映湖水逐渐收缩,盐度升高,最后沉淀出碱层。韵律Ⅴ看起来与韵律Ⅳ相反,从油页岩过渡到碱层,这种情况在美国绿河碱矿威尔金斯峰段及吴城碱矿五里墩组中出现过。对它可作两种解释:一是反映沉积环境从常年湖过渡到暂时性干盐湖,但常年湖水体并不深,仍属浅水环境;二是常年湖经强烈蒸发使密度大的湖面饱和卤水与下部较轻的淡水不断交换对流使整个水体达到饱和沉淀出碱层来,但从碱矿勘探所有(22口)钻井的碱层厚度不大(最大厚度不足4m)的情况看,这种可能性不大。

Ⅴ级韵律还可进一步划分出Ⅵ级韵律。

吴城盆地与泌阳凹陷相同,其韵律性沉积亦很明显。以桐15孔为例,在靠近盆地较中心部位,油页岩、碱层及白云质泥岩(或泥质白云岩)三者组成的Ⅴ级韵律十分发育,共有25个韵律层(图8-4)。

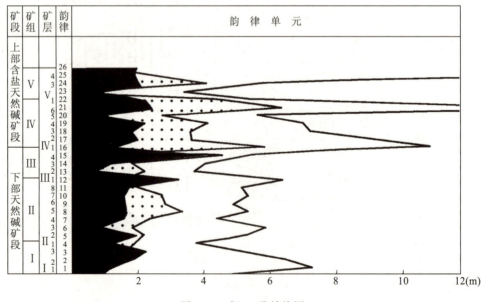

图8-4 桐15孔韵律图

二、平面上的环带状岩相分布

陆相碎屑-化学岩型沉积的另一特点是平面上呈环带、近环带状岩相分布。其规律是由湖盆边部到中心区,沉积物粒度由粗到细,由碎屑岩到化学岩。

吴城盆地岩相环带状比较明显,呈现"牛眼"式构造(图8-5)。由盆地边部到中心区,依次分布着湖滨相和河流相的粗粒沉积物(砂岩)、较深湖相的油页岩、化学沉积的碳酸岩相(白云质岩石和碱盘)。

泌阳凹陷各岩相区大体上显半环带状分布。盆地南部和东部近物源区分布着大小不等的冲积扇;其内侧分布的砂泥岩相是砂坪和干泥坪沉积;再往里是白云岩相,它是暂时性湖泊沉积,靠中心区由白云质岩和碱层组成的盐盘相,是常年湖泊到暂时性盐湖沉积(图8-6)。

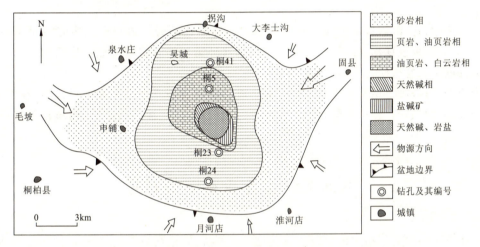

图8-5 吴城盆地晚始新世晚期(五里墩组)岩相古地理图

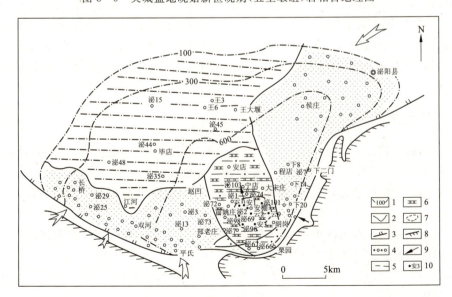

图8-6 泌阳凹陷核上段沉积岩相略图

1.地层等厚线;2.岩性区界线;3.断层;4.砂砾岩;5.砂泥岩区;6.白云岩区;7.已查明碱矿分布区;
8.出露区;9.物源方向;10.井位及其编号(据南阳油田资料,有修改)

三、含盐岩系剖面类型

由于盐湖卤水的成分、类型和古地理条件等差异,所形成的含盐岩系组成、结构也有差异。根据含盐岩系剖面的盐类和非盐类物质组成及盐类矿物组合,可将含盐岩系剖面划分为以下4种类型。

第一类型:盐-碱型。含盐岩系为岩盐或天然碱与泥质白云岩(或白云质泥岩)、油页岩呈不等厚直接或间接互层,整个岩系呈现灰、深灰、褐灰色。属于这种类型的仅有吴城盆地和泌阳凹陷中的碱矿分布区。

第二类型:膏-盐型。含盐岩系为岩盐、含膏盐岩、含泥质岩盐与泥岩、白云质泥岩、油页岩、膏质泥岩不等厚互层,整个岩系呈现褐、棕—灰色。属于这种类型的有舞阳凹陷和东濮凹陷。

第三类型:膏-泥岩型。含盐岩系由含泥质石膏岩或石膏泥岩与砂泥质岩石呈不等厚互层,整个含盐岩系呈现褐、棕、红间夹杂灰色。属这种类型的有泌阳凹陷古近系廖庄组和李官桥凹陷古近系大仓房组。

第四类型:砂砾岩型。属于这种类型的为上白垩统含石膏岩系。如淅川盆地、夏馆-高丘盆地、平昌关凹陷。石膏矿物散布于红色砂砾岩中的棕红、灰绿色粉砂岩、钙质粉砂岩或泥质粉砂岩中。

第二节 含盐岩系中的矿物

含盐岩系中盐类矿物的种类较多,碳酸盐、硫酸盐、氯化物类等比较齐全,但在某个凹陷含盐岩系中的组合则比较简单。以含盐岩系中盐类矿物组合为依据,可将各成盐盆地划分为氯化物型、硫酸盐型和碳酸盐型三大类。它们分别代表不同沉积环境和地质背景,总的来看在始新世早期、末期,硫酸(钙)盐矿化或形成的矿床所代表的硫酸盐型盆地较多,始新世中晚期则以氯化物型盆地为主,并发育有碳酸盐型盆地。控制这种性质的主要因素是盆地的基底构造和基底性质。

一、含盐岩系剖面的盐类矿物组合类型

河南省内新生代盆地盐类矿物组合大致有3种类型。一是岩盐盆地;二是膏岩盆地;三是碱、盐或碱、硝、膏岩盆地。各类盆地的盐类矿物组合也各异。

岩盐盆地的矿物组合比较单一,基本上只有一种盐矿物岩盐($NaCl$),如舞阳凹陷和濮阳凹陷。

膏盐盆地的矿物组合也较单一,仅有石膏一种,如李官桥盆地和三门峡盆地。

第三类盆地矿物组合为复合型。吴城盆地在一个地层组中下部是天然碱,上部是岩盐。泌阳凹陷在一个地层组中下部是天然碱,上部是芒硝;在含碱岩系上部另一个旋回廖庄组中为膏泥岩系沉积。

二、含盐岩系中的副矿物

各类含盐岩系剖面中都有各自特定的副矿物,它们虽不具实际利用价值,但却有指相意义,在地质找矿中有标志性作用。

含碱岩系的副矿物在世界诸碱矿中都有相似之处。吴城和泌阳凹陷两碱矿中相同的副矿物有碳钠钙石、碳钠镁石、方沸石、钠沸石、黄铁矿;吴城碱矿另有氯碳钠镁石、铁氯碳钠镁石,泌阳凹陷安棚碱矿另有水菱镁矿、菱铁矿、水硅硼钠石。可以看出,这些副矿物的化学成分中不是含钠或富钠,就是含镁或富镁,与碱矿物相伴生。其分布并不均匀,多寡也不相同,有些可构成岩层,如方沸石岩、碳钠钙石岩等。

水硅硼钠石在我国是第一次发现。世界上一些著名的碱湖都有含硼的硅酸岩矿物出现,如硅硼钠石、水硅硼钠石、硅硼镁石、西尔斯石等。它们的出现不仅指示卤水中硼已有相当高的含量,也可说明水体已成为高硼的碱性水,只有在碱性水中硅才具有足够的活性。

1. 碳酸盐矿物

含盐岩系中碳酸盐矿物非常发育,常构成含盐岩系岩石的主要成分,其分布有一定规律。从对吴城盆地吴城碱矿和泌阳凹陷安棚碱矿的研究表明,碳酸盐矿物的种类随湖盆古盐度的变化而变化,随卤水浓度的增高按方解石→白云石的顺序依次析出。在含盐岩系下部的泥岩、卤泥岩中一般为方解石,岩盐层及其顶底板岩石中则以白云石为主;在横向上,一部分方解石在盆地边部先发生沉淀(如位于泌阳凹陷边部冲积扇处的泌3井核桃园组上段砂岩胶结物是碳酸钙并有方解石脉出现),从而增加了湖盆中心水体的镁钙比例,有利于白云石的形成,所以从湖盆边部向中心区亦是由方解石向白云石的过渡。

2. 黏土矿物

黏土矿物是含盐岩系中除碳酸盐矿物外的另一种分布很广的矿物。它们对环境比较敏感,介质的pH值、Eh值、盐度和溶液的化学组成等都直接影响到黏土矿物的形成种类。其成分也比较复杂,随盆地类型和水介质盐度而异。

含盐岩系中的伊利石及水云母,主要是由蚀源区带到成盐盆地中的长石等硅酸盐矿物,在弱碱性环境(pH≈8)中分解演变而成。一般盐湖即使在淡化期都具有弱碱性环境,所以水云母或伊利石的分布最为普遍。蒙脱石形成则要求较强碱性环境(pH≈9~10)。以这种盐度标志分析上述两个碱矿沉积环境可以看出,吴城盆地在卤水演化过程中,长期处于较强的碱性环境中,虽有淡化期但为时都不长久,因此在300余米的剖面上出现了100余层以上密集的碱层沉积。与这种盐度(0.5%)相适应的是演化时所处的较强还原环境(Eh=+50~-50mV)。泌阳凹陷盐类沉积时期所处的碱性还原环境不及前者强,因此在比吴城盆地经历的成盐期长得多的地质历史时期中,在1300余米的剖面上,仅有稀疏分布的10余层碱层沉积,在此之外的则是长期处于相对淡化环境中。

三、吴城盆地和泌阳凹陷含碱岩系中碱矿物与黏土矿物的差异及其地质意义

碱矿物最大的不同是吴城盆地有天然碱而无碳氢钠石,泌阳凹陷则与此相反。由此表明泌阳凹陷碱矿石化学成分中$NaHCO_3$大大高于吴城盆地。

两个盆地含碱岩系岩石中的黏土矿物成分也有明显不同。吴城盆地以蒙脱石为主,而泌阳凹陷则以伊利石(水云母)为主。

NaHCO$_3$ 含量高指示着卤水中 CO$_2$ 的分压也高,盆地有机质含量亦高。

不同的黏土矿物表示卤水中碱性程度的不同,决定了碱矿成矿条件的差异。两地的盐系剖面可明显看出,吴城盆地含碱矿段虽然较小(300～900m,厚600m),但矿层却很密集;而泌阳凹陷含碱矿段虽大(1100～2500m,厚1000m以上),但矿层稀疏,间距大(几十米到上百米),且厚度及在平面上分布的稳定性也比吴城盆地差。可以说,泌阳凹陷碱矿成矿地质条件并不比吴城盆地好。

第三节 含盐岩系微量元素地球化学

一、溴

溴是盐湖中常见元素之一,它在卤水和盐类沉积研究中受到重视。溴的地球化学行为表明,在卤水浓缩过程中主要集中在液体相中,若要进入到盐沉积物中,只能与氯离子进行类质同象置换。当沉积物中不含氯化物时,它在卤水中就更加富集,因此原生卤水中溴的含量都比较高,碱卤水亦如此。

二、硼

硼和黏土矿物定量计算古盐度的方法是人们最常用和较为简便有效的测定方法。

(一)硼对含盐岩系古盐度研究的意义

黏土矿物可从溶液中吸收硼并将其固定已被众多的实验所证明,其数量与溶液中硼浓度有关。由于自然界水体中硼的浓度是盐度的线性函数,所以硼往往是指示性元素,在沉积盆地中是湖水盐度的标志。沉积物中硼含量与水介质中的硼含量有关。

硼含量除受水介质盐度影响外,还与沉积物类型、矿物成分及其粒度、有机质含量及钾的含量等多种因素有关。一般认为伊利石的硼含量反映古盐度的效果较好,次为蒙脱石和高岭石等。

为排除岩石中所含杂质的影响,应以伊利石的理论含钾量8.5来换算纯伊利石的硼含量,称为"校正硼含量",再将其计算成相当于 K$_2$O 含量为5时的"相当硼含量"。其经验换算公式为:"相当 B"含量 = 8.5 × B$_{样品}$/K$_2$O$_{样品}$。式中的8.5指伊利石中的理论 K$_2$O 浓度,B$_{样品}$ 和 K$_2$O$_{样品}$ 指样品的实测含量。据此,学者们划分了不同盐度级别相当的硼含量的经验数值,如表 8-1 所示。

泌阳凹陷含碱岩系岩石中黏土矿物成分以伊利石为主,给研究盆地成碱时期古盐度提供了条件。依上述计算方法,对碱系岩石经提纯的伊利石黏土样品(30个)硼含量进行计算(未计算"相当含量"),求得其"校正含量"数值是,<80×10^{-6}的没有,<120×10^{-6}的2个,其他28个均>120×10^{-6}(最高值为557×10^{-6},最低为120×10^{-6},一般为130×10^{-6}～170×10^{-6})。对照表 8-1 可以看出,该区在每次主要成碱前期,湖水都为咸水环境。

表 8-1 不同盐度的硼含量经验数值表

盐 度	B^+校正($\times 10^{-6}$)	B^+相当($\times 10^{-6}$)
淡水	<80	<200
半咸水	80~120	200~300
咸水	>120	>300

东濮凹陷的沙河街组泥质岩中 B 含量最低为 44×10^{-6},最高为 189×10^{-6},多数为 $95\times 10^{-6}\sim 110\times 10^{-6}$;用 K_2O 计算"相当硼含量",其最低值为 151×10^{-6},即低盐环境,最高值为 390×10^{-6},为高盐度环境,多数为 $200\times 10^{-6}\sim 300\times 10^{-6}$,为半咸水环境。用前述之经验数值衡量,沙河街组沉积时期是长期处于咸水—半咸水环境中,计算其盐度最低值为 7.7‰,其最高值为 34‰,中间值为 10‰~30‰,这与该组有多层厚层岩盐沉积的事实相吻合(表 8-2)。

表 8-2 东濮凹陷沙河街组泥岩 B 含量及含盐度特征表

层位	井号	井深(m)	岩性	沉积相带	K_2O(%)	B($\times 10^{-6}$)	校正 B 含量($\times 10^{-6}$)	相当 B 含量($\times 10^{-6}$)	盐度(‰)
$S_2^{上}$	明 36	1536	灰色泥岩	前三角洲	3.2	128	340	276	20
	明 36	1641	灰绿色泥岩	三角洲前缘	4.62	130	239.2	247	17.1
	卫 63	13.17	绿灰色泥岩	浅湖	3.19	167	445	344	26
	濮 1	2395.5	暗紫色泥岩	前扇三角洲	3.22	120	316.8	259	18.3
	濮 1	2472.2	黄灰色泥岩	扇三角洲前缘	0.88	52	502.3	293	21.5
	新濮 44	18.83	暗紫色泥岩	扇三角洲前缘	3.11	114	311.6	256	18
	文 79-8	2811.2	绿灰色泥岩	浅湖	3.94	127	274	250	17.4
	文 79-8	2820	紫红色泥岩	浅湖	4.04	103	216.7	210	13.4
$S_2^{下}$	明 49	1665.2	灰绿色泥岩	滨湖	2.48	52	178.6	151	7.7
	濮 20	2708	灰色泥岩	湖沼	1	44	374	240	16.4
	文 79-8	2977.5	杂色泥岩	泛滥平原	4.31	110	216.9	210	13.5
	文 79-8	3003	灰色泥岩	泛滥平原	4.08	114	237.5	202	12.7
	文 79-8	3016	灰色泥岩	泛滥平原	3.87	104	228.4	200	12.5
	文 152	2802	灰色泥岩	泛滥平原	3.07	88	243.6	210	13.5
	文 152	2831	灰色泥岩	泛滥平原	4.5	117	221	218	14.3
$S_3^{上}$	文 152	2964	灰色泥岩	三角洲前缘	4.48	124	235.3	230	15.4
	明 1	1728.5	黄灰色泥岩	三角洲前缘	2.35	93	336.4	245	16.9
	明 1	1858	灰色泥岩	三角洲前缘	3.07	158	437.4	326	24.8
	濮 47	3074	黄灰色泥岩		2.34	112	406.6	291	21.4
	白 14	3114	灰色泥岩	前三角洲	3.03	103	288.9	240	16.4

续表 8-2

层位	井号	井深(m)	岩性	沉积相带	K_2O(%)	B($\times 10^{-6}$)	校正B含量($\times 10^{-6}$)	相当B含量($\times 10^{-6}$)	盐度(‰)
S_3^2	文86	3165	灰色泥岩	浅滩	4	180	382.5	332	25.4
	马15	3258	灰色泥岩	三角洲前缘	3.67	124	287.2	250	17.4
	桥17	3726.5	杂色泥岩	三角洲前缘	4.46	94	179.1	175	10.1
	桥17	3719	灰色泥岩	前三角洲	2.75	89	275.1	226	15.1
	桥17	3400	灰色泥岩		3.7	116	266.5	229	15.3
S_3^3	明48	2028.6	绿灰色泥岩	三角洲前缘	2.87	189	559.8	390	31.1
	文204	4245	深灰色泥岩	深水	4.77	158	281.5	276	19.9
	文204	3310	灰色泥岩	浅滩	3.36	159	402.5	325	27.7
	桥17	3804	灰绿色泥岩	三角洲前缘	4.07	109	277.6	260	18.5
	桥17	3790.5	灰色泥岩	前三角洲	4.07	96	200.5	190	11.5
S_3^4	明48	2107	灰色页岩	前三角洲	2.86	156	462	326	24.8
	文95-17	12.9	褐灰色页岩	浅湖	3.87	164	360.2	280	20.3
	胡5	2332	灰色泥岩	三角洲前缘	3.87	190	417.3	351	27.2
	胡8	3511.2	杂色泥岩	三角洲前缘	2.87	120	355.4	274	19.7
	桥16	3967.5	灰黑色泥岩	深湖	0.86	102	108	420	34
	桥16	3943.2	灰黑色泥岩	深湖	3.04	135	377.5	292	21.5
	桥16	3801.2	灰黑色泥岩	深湖	2	82	348.5	250	17.38
	桥16	3770.8	灰黑色泥岩	深湖	2.94	87	251.5	213	13.8
	卫18-5	2958	灰褐色页岩	前三角洲	1.96	76	329.59	255	17.87
	卫18-5	2765	深灰色页岩	前三角洲	1.96	76	329.59	255	17.87
	卫18-5	2679	灰色泥岩	前三角洲	2.17	117	458.29	305	22.76
	明48	2193	油页岩	深湖	1.35	95	598.15	335	25.69
	明48	2089	深灰泥岩	前三角洲	1.48	105	603.04	345	26.66
	濮63	3514	灰色泥岩	前三角洲	2.85	77	229.65	190	11.52
	濮63	3489	深灰色泥岩	前三角洲	1.6	57	302.81	300	22.27
	濮63	3328	深灰色泥岩	前三角洲	2.7	120	377.78	310	23.24
	新卫16	2725.5	深灰色泥岩	前三角洲	1.88	65	293.88	225	14.94

(二)硼对研究卤水性质的意义

富硼是碳酸盐型卤水的特点。泌阳凹陷不仅碱卤水含硼高,如泌69井为559.88mg/L,泌2井为227.5mg/L(地表水注入淡化后含量),已超过和接近工业品位,而且含碱岩系岩石中含量亦较高,见表8-3。

表8-3 泌阳凹陷古近系含碱岩系(白云岩)B元素含量与其他地区对比

含量($\times 10^{-6}$)\元素	泌阳凹陷(1986)	瑞典内陆湖(1936)	淡水(Potter, et al)	海相(Potter, et al)	松辽盆地淡水碳酸盐
B	84	15	62.7	111.8	45

研究资料表明,在地球历史中硼是贯通元素,它贯穿于地壳物质发展的全部旋回和物质总的循环中,且地壳中不同形式的硼矿化均与它的统一物质——深部挥发馏分有关。在海水中硼浓度的增高与火山活动有关;盐湖卤水中硼浓度的增高,如果周围没有硼矿床的物质供给,则往往与深部来源有关。如柴达木盆地大、小柴旦湖硼矿床中硼的来源,主要与其周围分布的含硼温泉水和泥火山补给有关;该盆地其他盐湖卤水中硼含量高达1253.18mg/L,而盆地河水的硼含量仅为6.62mg/L。

泌阳凹陷周围没有硼矿床存在,岩石(各期花岗岩)中硼含量仅0.01×10^{-6},大大低于它的地壳丰度值$5\times 10^{-6}\sim 50\times 10^{-6}$。由盆地及碱矿所处位置是紧靠南部控盆大断裂,其深度达8000m以上情况推测,碱卤水中高含量的硼也许指示着它是由深部热卤水补给的可能。

三、锶、钡

当淡水和海水混合时,淡水中的Ba^{2+}与海水中的SO_4^{2-}结合成$BaSO_4$而沉淀下来,而$SrSO_4$溶解度比$BaSO_4$溶解度大得多,可继续迁移至远海,通过生物途径再沉积下来,Sr/Ba比值随着远离海岸而逐渐增大,淡水相沉积物Sr/Ba<1,而在海相沉积物中则>1。在湖水不断浓缩的过程中,钡不断沉积而减少,锶则相对增加,所以卤水中Sr/Ba值与盐度呈正相关。在沉积岩中,白云岩中锶的含量比方解石中的低,Mg/Ca值及白云岩含量与锶含量呈负相关,原因是镁置换方解石的钙时,锶同时也被置换;又因Sr^{2+}的离子半径(1~27Å)比Ca^+(1.06Å)大,使锶更易被镁所置换,结果使锶的含量降低。所以碳酸盐中锶含量与盐度呈反比。

泌阳凹陷含碱岩系岩石(主要是白云质泥岩和泥质白云岩)Sr^{2+}含量为$107\times 10^{-6}\sim 710\times 10^{-6}$(表8-4),$Ba^{2+}$含量为$77\times 10^{-6}\sim 1053\times 10^{-6}$,$Sr^{2+}/Ba^{2+}$值为0.503~5.344,波动都较大,固体碱层$Sr^{2+}$含量为25.0mg/L,$Ba^{2+}$含量为140mg/L;碱卤水$Sr^{2+}$含量为0~1.7mg/L,$Ba^{2+}$含量为3.6~5.8mg/L。由上可知,固体和液体碱的Sr^{2+}和Ba^{2+}含量比碱系岩石高,固体碱层的Sr^{2+}与Ba^{2+}含量又比碱卤水高。其特点是碱层及其附近Sr^{2+}、Ba^{2+}含量与其比值都较高,与K^+、Na^+、CO_3^{2-}、HCO_3^-等易溶组分含量呈正相关,因为$SrSO_4$也易溶解。

表8-4 泌阳凹陷古近系含碱岩系(白云岩系)Sr含量与其他岩层对比表

含量($\times 10^{-6}$)\元素	泌阳凹陷(平均值)	东营凹陷	惠民凹陷	吐鲁番鄂尔多斯(平均值)	我国现代海底质样	瑞典中部内陆湖泊
Sr	491	2305	360	255	7500	90

濮阳凹陷盐岩的主要成分是氯化钠(NaCl),也含少量其他氯化物、硫酸盐、有机质、含铁矿物等。其主要化学成分为Na^+、Cl^-、Ca^{2+}、K^+、Mg^{2+}、SO_4^{2-}、CO_3^{2-},具有富钠贫钾、高氯低

溴的特点。微量元素则以 Sr、Ba 丰度较高,其他 B、Rb、V、Mn、Fe、Cr、Co、Bi 等含量较低,见表 8-5、表 8-6。

表 8-5 东濮凹陷盐岩化学成分百分含量表

井号	井深	层位	K^+	Na^+	Ca^{2+}	Mg^+	Cl^-	Br^-	SO_4^{2-}	水不溶物
文 1	2690	沙三 4	0.05	39.22	0.88	0.27	56.84	0.0032	1.02	3.07
文 69	2798	沙三 4	0.058	37.23	0.27	0.058	58.10	0.008	0.59	1.28
新文 401	3912	沙三 4	0.06	41.02	1.67	0.12				
卫 69	3565	沙三 4	0.08	45.8	1.08	0.02				
文 16-4	3393	沙三 4	0.26	46.36	0.82	0.10		未分析		
卫 20	2302.8	沙三 4	0.13	43.50	0.49	0.08				
濮 1-54	2400	沙三 4	0.11	44.46	0.47	0.05				

注:中原油田化验室分析。

表 8-6 东濮凹陷盐岩微量元素特征表 (单位:$\times 10^{-6}$)

井号	井深	层位	B	K	Rb	Sr	Ba	V	Ni	Mn	Fe	Cr	Co	Bi
濮 1-154	2400	沙一下	<5	0.09	<12.5	10	24	<10	<10	0.002	0.238	1	<5	<0.1
卫 42	3284.7	沙三 2	6	0.18	<12.5	233	46	<10	12	0.019	0.889	1	<5	<0.1
濮 63	3285	沙三 3	<5	2.78	<12.5	212	80	<10	<10	0.005	0.231	3	<5	<0.1
新文 401	3912	沙三 4	<5	0.05	<12.5	346	131	<10	<10	0.008	0.098	3.6	<5	0.22

第四节 成盐卤水的水化学及其演化

一、碎屑岩系成盐卤水的水化学类型

国内常用的按照矿化度对地下水和地表水的分类标准是:5g/L 者为淡水,5~20g/L 者为淡盐水,20~100g/L 者为盐水,大于 100g/L 者为卤水。"卤水"是地下水或地表水矿化度达到一定程度的特定词。

国际上在研究碎屑岩系中水化学时,将天然卤水划分为碳酸盐型、硫酸盐型和氯化物型三大类以及若干个亚型。国内一些学者将碳酸盐型卤水划分为重碳酸钙、重碳酸镁、硫酸钠和氯化钠 4 个亚型。

按照上述标准,吴城盆地和泌阳凹陷含碱岩系地下水质类型是:下部为 HCO_3-Na 型及 SO_4-Na 型;中部以 HCO_3-CO_3-Na 型为主,矿化度为 2.63~141.15g/L;上部为 HCO_3-Na 型,矿化度为 2.63-4.38g/L。显然,整个碱岩系地下水水质类型主要为 HCO_3-Na 和

$HCO_3 - CO_3 - Na$ 型,反映出其碱性环境。

二、碳酸盐型卤水的演化和成盐序列研究

碳酸盐型卤水以泌阳凹陷最典型,目前已在 6 口钻井中发现有液体碱层,其中对泌 2 井碱卤水进行了一年时间的 25℃ 等温蒸发试验研究,目的在于探讨碱卤水演化规律及成盐序列。

试验样品采自泌 2 井由 2000m 深处以下抽出地面井口处,卤水抽出时在浅部(900m 左右)由于地层压力降低而发生盐物质结晶堵井,需定时向井内注入地表淡水,故试样是稀释、淡化后的碱卤水。卤水抽出地表后,经过与大气平衡,水盐体系中 P_{CO_2} 与现代大气圈相当,即与地下封存状态相比其 CO_2 含量降低了很多,而且其含盐度也有所降低。

试样的化学成分比较简单(表 8-7)。由表可知,其水化学特点一是富含 CO_3^{2-}、HCO_3^- 和 Na^+;二是富含 F^-、Li^+、B^+;三是 SO_4^{2-} 和 Cl^- 含量很低。含 SO_4^{2-} 低是由于在还原环境中被还原而降低了。其水化学类型属于碳酸盐型。

在常温常压条件下卤水演化试验结果(表 8-8)如下。

表 8-7 泌阳凹陷泌 2 井及其他地区卤水化学成分表

分析项目 含量 卤水名称	总盐量	Na^+	K^+	Ca^{2+}	Mg^{2+}	HCO_3^-	CO_3^{2-}	SO_4^{2-}	Cl^-	Br^-	F^-	Li^+	Rb^+	Cs^+	Sr^{2+}	B^{3+}
						(g/L)										
泌 2 井卤水$_1$	95.5	29.68	0.54	0	0	45.909	17.547	0.15	1.113	8.8	—	9.5	3.4	0	0	511.28
泌 2 井卤水$_2$	100.2	40.59	2.32	<0.05	<0.05	12.00	43.5	0.075	1.0	4.5	290	10.2	6	<0.2	2.8	400
注入泌 2 井中的地表淡水	0.105	0.04	0	0	0	0.111	0	0.02	0	0	0	0	0	0	0	34.86
美国西尔斯湖上盐组卤水	33.15	11.01	2.7	—	—		2.72	4.56	12.16	0.081		0.002	0.0035	—		0.088
美国西尔斯湖下盐组卤水	37.49	11.84	1.57	—	—		3.84	4.44	10.18	0.054		0.002	0.0014	—		0.105
我国西藏扎布耶湖晶间卤水	33.33	10.66	3.83	0	0		3.75	2.19	12.3	0.074		0.066	0.007	0.003	—	0.45
肯尼亚马加迪湖钻孔水	16.7	6.94	0.117			0.616	4.93	0.106	4.21	0.0148	0.081	—		—		0.0052

注:(1)卤水$_1$ 是不含结晶物的液相部分。
(2)卤水$_2$ 是在 25℃ 等温条件下将所称样品中的结晶物进行了较长时间的回溶后。
(3)泌 2 井卤水$_2$ 的 HCO_3^- 含量明显偏低,是由于分析技术问题。

1.卤水演化及元素地球化学

试验过程中,由于蒸发分馏作用和盐类矿物的沉淀,其化学成分发生了规律性变化。

碱土金属元素 Ca^{2+}、Mg^{2+} 在初始卤水中含量就很低,其含量在分析灵敏度以下,直到干涸时均处于这种状态。这是由于早期盆地水体中富含 CO_3^{2-},使它们均以方解石继而是白云石形式沉淀。不含或少含碱土金属元素是世界古代碱卤水及现代碱湖水的一个普遍特征。

表 8-8 泌阳凹陷泌 2 井碱卤水 25℃等温蒸发试验液相化学成分变化表

液相化学组成（g/L）

顺序号	相对密度	pH值	总盐量(g/L)	K^+	Na^+	Ca^{2+}	Mg^{2+}	HCO_3^-	CO_3^{2-}	SO_4^{2-}	Cl^-	Br^-	I^-	F^-	Li^+	Rb^+	Cs^+	Sr^{2+}	B^{3+}	Si^{4+}
B1	1.0897	9.08	100.20	2.3213	40.59	<0.05	<0.05	12.0	43.5	0.075	1.0	0.0045	0.0013	0.290	0.0102	0.006	<0.0002	0.0028	0.40	<0.05
B2	1.1080	9.86	126.51	1.8588	50.74	<0.05	<0.05	12.5	59	0.165	1.25	0.006	0.0018	0.350	0.013	0.008	<0.0002	0.0027	0.50	<0.05
B3	1.1242	10.05	140.48	2.2825	58.26	<0.05	<0.05	10.0	67.5	0.175	1.40	0.0065	0.002	0.420	0.015	0.009	<0.0002	0.0028	0.40	<0.05
B4	1.1444	10.14	175.01	2.53	71.48	<0.05	<0.05	11.5	86.5	0.215	1.65	0.0075	0.0023	0.494	0.018	0.010	<0.0002	0.0028	0.60	<0.05
B5	1.1736	10.27	197.03	2.3575	79.81	<0.05	<0.05	12.5	99.5	0.27	1.90	0.0085	0.003	0.565	0.021	0.012	<0.0002	0.0028	0.75	<0.05
B6	1.1936	10.26	223.77	1.8563	92.84	<0.05	<0.05	14.5	111	0.305	2.05	0.0095	0.0032	0.635	0.023	0.014	<0.0002	0.0029	0.80	<0.05
B7	1.2622	10.30	305.15	1.9486	124.69	<0.05	<0.05	19.5	154	0.42	2.75	0.013	0.0044	0.825	0.031	0.019	<0.0002	0.0029	0.95	<0.05
B9	1.2761	10.35	310.71	2.1588	127.00	<0.05	<0.05	15	160.5	0.09	3.50	0.0155	0.0055	1.025	0.038	0.023	<0.0004	0.003	1.35	<0.05
B10	1.2812	10.29	314.12	4.4775	135.25	<0.05	<0.05	7.2	159.9	1.10	3.70	0.014	0.0053	1.100	0.041	0.023	<0.0004	0.0055	1.30	<0.05
B12	1.2884	10.35	327.46	4.225	42.40	<0.05	<0.05	6.7	166.5	0.68	4.10	0.019	0.0062	1.25	0.046	0.026	<0.0004	0.0057	1.50	<0.05
B17	1.2854	10.40	329.51	5.30	140.05	<0.05	<0.05	12.1	161.7	0.81	5.07	0.028	0.0085	1.70	0.067	0.038	<0.0004	0.0056	2.0	0.10
B20	1.2915	10.56	332.75	6.383	142.15	<0.05	<0.05	0	168.3	1.20	8.40	0.043	0.013	2.90	0.096	0.057	<0.0004	0.0056	3.2	0.1
B22	1.3037		337.91	8.045	144.20	<0.05	<0.05	0	166.7	1.50	10.10	0.053	0.016	3.40	0.121	0.071	0.0012	0.0054	3.8	0.1
B23	1.3096	10.62	350.84	9.615	148.13	<0.05	0.04	0	172.6	1.40	11.20	0.054	0.017	3.60	0.132	0.081	0.0012	0.0053	4.0	0.1
B25	1.3398	10.59	400.33	17.11	160.78	<0.05	<0.05	0	180.7	3.70	24.80	0.124	0.033	3.80	0.287	0.190	0.003	0.0053	8.8	0.1

Na^+是卤水的主要阳离子,它从卤水中的初始含量就低,在浓缩过程中虽不断形成钠盐富集,卤水中的Na^+含量仍不断新富集,在阳离子中一直保持首位。

K^+在卤水中含量低,在卤水浓缩过程中没有钾的盐类矿物结晶,一直富集在卤水中,直到卤水干涸后终结相中才见到结晶钾石盐。

CO_3^{2-}、HCO_3^-是卤水阳离子的主要成分,在试验过程中,它们与Na^+结合成碳酸盐或重碳酸盐的单盐或复盐不断从卤水中结晶;CO_3^{2-}仍保持高集状态,HCO_3^-含量呈下降趋势,这与其受到分解有关。

Cl^-含量之低使其在蒸发浓缩过程中不足以形成沉淀,一直富集在卤水中,从初始到终结其盐度增加了近25倍。

Br^-同样不断富集于卤水中,由于结晶物中缺乏氯化物的沉淀,就决定了它没有可能进入到结晶相中。地球化学性质决定了盐沉积过程中,Br^-是不能单独形成盐矿物的。

Li^+和B^+在卤水演化过程中亦富集在卤水中,从初始到终结其含量增加了25倍。

F^-在初始卤水含量虽较高,但试验过程中未见到含氟矿物沉淀,主要还是富集在卤水中,仅在终结相中见到了呈十二面体和立方体的氟硫盐晶体[$Na_6(SO_4)_2FCl$],在我国天然卤水中见到其结晶物还是首次,氟硫盐最初发现于美国西尔斯湖。

需指出的是,在蒸发试验过程中虽未见到K^+、Li^+、B^+的盐类结晶物,但在对卤水进行的半工业综合利用加工试验中,却成功得到了氯化钾(KCl)、氯化锂(LiCl)和硼砂($NaBSiO_6 \cdot H_2O$)。

2. 结晶矿物的种类与组合关系

对碳酸盐型卤水来说,盐类矿物的结晶除受其成分和蒸发试验温度外,还受与水盐体系平衡的CO_2分压大小因素的制约。泌2井卤水的3种主要成分是Na^+、CO_3^{2-}、HCO_3^-(表8-8),在25℃温度下,与之平衡的CO_2的含量为$300 \times 10^{-6} \sim 400 \times 10^{-6}$。当等温蒸发试验时,这样的卤水析出的矿物种类和组合,在地球化学家厘定的CO_2含量与温度关系图中的位置就基本确定了,其形成序列应是天然碱($Na_2CO_3 \cdot NaHCO_3 \cdot 2H_2O$)—碳氢钠石($Na_2CO_3 \cdot 3NaHCO_3$)—重碳钠盐($NaHCO_3$)(图8-7、图8-8)。

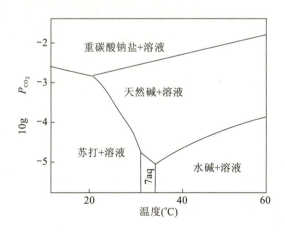

图8-7 碳酸钠和碳酸氢钠矿物的相互关系图

(据Eugster,1966;Hatch,1972)

7aq. $Na_2CO_3 \cdot 7H_2O$+溶液

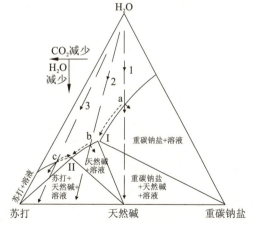

图8-8 天然碱卤水可能的蒸发途径图

(据Eugster,1971)

试验结果表明,属于 $NaHCO_3-Na_2CO_3-H_2O$ 体系的泌 2 井卤水,在常温常压条件下,几乎整个浓缩过程中卤水的结晶物只有苏打、碳氢钠石和天然碱 3 种矿物,直到卤水干涸之前。卤水干涸后,由于水分的全部丧失,原卤水中的一些微量成分在浓缩过程中浓度不断增加,在终结相中除以上 3 种结晶外,还出现了钾石盐、氟硫盐,它们不属于这种水盐体系的必然产物,数量微小,不能形成单独矿层。

第九章　岩盐、天然碱成矿控制因素及成矿规律

第一节　岩盐成矿控制因素及成矿规律

一、岩盐成因

盐湖是沉积蒸发盐矿物的湖泊,一般以富含氯化物盐类和硫酸盐为特色。在干旱的古气候条件下,湖水逐渐浓缩,盐度相应增高,致使当达到某种盐类饱和度时就会有某种盐类矿物析出,通常呈现首先沉淀碳酸盐矿物(方解石),进而是镁质碳酸盐矿物(白云岩)和石膏($CaSO_4 \cdot H_2O$)沉淀,再后是石盐(NaCl)的沉淀,最后才是钾盐的沉淀。

二、成矿控制因素

岩盐矿床的形成与特定的沉积环境及成矿物源密切相关,也受控于相应的古盐度、古气候等条件。以古近系核桃园组一段中的平顶山盐田为例,分析成矿控制因素主要包括以下3个方面。

(一)具有盐湖沉积环境

大量的油气勘探及研究表明,舞阳凹陷核桃园组二段上部—核一段中部为"持续沉降、频繁交替"的内陆湖泊沉积,河南石油勘探局曾多次编制了有关的沉积相预测图件。随着平顶山盐田的勘探逐步深入,诸多勘探部门修改、调整了盐湖相的范围。核一段沉积受控于叶鲁断裂,呈北西西向延展的不对称环状展布,长度为120km,宽度为15~20km不等;南北两侧的多物源供给和汇水,自凹陷中心向四周依次为盐湖相、半深湖相、浅湖相,并在边缘可见多个冲积扇或扇三角洲砂体。其中,含盐地层在纵向上表现为多套韵律,每个韵律由泥岩相、膏泥岩相和盐岩相构成,泥岩相主要岩性是浅灰、灰黑色泥岩,局部为褐灰、褐色或浅黄灰色泥岩,约占地层总厚度的30%~50%。膏泥岩相通常发育在盐岩层的上部,主要是硬石膏岩和含泥、泥质、泥灰质等硬石膏岩。由于古水深和古盐度的频繁变化,使之水体交替变浅、咸化程度交替增高、淡化层厚度逐渐减小。

(二)特殊的古地理环境提供了丰富的成矿物源

舞阳凹陷位于周口坳陷西部与豫西隆起区的交接部位,夹于平顶山凸起与平舆凸起之间,构成了四周环陆、相对封闭的汇水盆地古地理环境,其北缘主要残存元古宇变质岩系、古生界碳酸盐岩,南缘主要残存有新太古界变质岩系和燕山期岩浆岩。李凤勋等(中国石化河南油田

分公司,2009)通过舞阳凹陷8口探井核二段砂岩的锆石样品阴极发光测试和裂变径迹测年数据分析,认定北部物源体系的母岩以元古宇变质岩为主,西部物源体系的母岩为元古宇变质岩和燕山期侵入岩,南部物源体系的母岩以早白垩世火成岩为主,东部物源体系的母岩以燕山期侵入岩为主,其次是元古宇和太古宇。姜敏德、沈佩霞(2005)研究认为,这些古老岩体经历长时期的风化、分解和淋滤,提供了含有 Na^+、K^+、Ca^{2+}、Mg^{2+} 等离子的成矿物质,而且盆地北侧下寒武统辛集组含17层硬石膏和石膏,并夹有石盐晶体,最大累积厚度达82.04m,其在长时期的风化、分解和淋滤作用下,可能提供含有 Na^+、Ca^{2+}、SO_4^{2-}、Cl^- 等离子的成矿物质。

(三)高盐度湖泊的浓缩咸化与相对干燥的古气候

根据舞阳凹陷核桃园组泥页岩的氯离子、碳酸盐含量统计可知,核一段的氯离子含量均在1‰以上,平均值可达2.596%,明显高于核三段和核二段,表明当时的水体进一步浓缩咸化;同时,各段碳酸盐含量范围值较大,表明水化学组分曾经历了碳酸盐型交替变化过程,使之逐渐由以淡化阶段的碳酸盐-硫酸盐型为主,转至以咸化阶段的硫酸盐-氯化钠型为主,并在核一段时期趋于相对稳定。根据核桃园组烃源岩的多项生物标志物特征及相关研究成果,也指示核一段具有高盐度咸化湖泊的还原—强还原环境。

根据核桃园组孢粉化石组合及含量统计,核三段的被子植物花粉以榆粉属、砾粉属为主,胡桃科、桦科的花粉较连续出现,反映喜热成分占绝对优势;核二段的栎粉属、芸香粉属和楝粉属继续发育,反映喜热成分相对减少、喜湿水生植物向上增多,古气候一度趋于潮湿;核一段以栎粉属为主,楝粉属、芸香粉属和朴粉属含量也较高,呈现喜热成分增多的组合特征,表明古气候趋于相对干燥,利于水体的高度咸化。

三、成矿规律

(一)成盐时期

赋存于岩盐的核桃园组、沙河街组均属于上始新统地层,成盐时代与天然碱一致,均为晚始新世。

(二)盐湖的空间分布规律

始新世的构造古地理面貌继承了中生代高原盆山构造格局,一方面是南太行山和伏牛山-大别山脉怀抱南华北盆地;另一方面从桐柏山块体(角闪岩相)及两侧伏牛山(绿片岩相)、大别山(榴辉岩相)迥然不同的变质程度来看,全省由东南向西北存在3个依次降低的不同剥蚀程度的台阶,南阳盆地—舞阳凹陷—襄城凹陷—东濮凹陷即处在北东走向的中部台阶上,在该台阶内又存在桐柏山、通许、濮阳3个依次降低的断块。始新世总体地势是:东南部高,西北部低;西南部高,东北部低。古水系发育于各大断块之间的坳陷带,通过关联各个凹陷的岩相古地理特征,推测存在两大间歇性河流:北部干流处在南太行山东南侧,相当于当今的洛河—黄河位置;中部干流源自大别山北麓,向西北流向舞阳凹陷,转向北东至东濮凹陷。还可能存在经黄口向东濮,自沈丘到襄城的次级河流。以上古地理格局造就了南华北盆地与外侧山脉之间的三大内陆盐湖,位置处在各大坳陷带中地势最低的一端,分别对应舞阳凹陷、襄城凹陷和东濮凹陷(图9-1)。

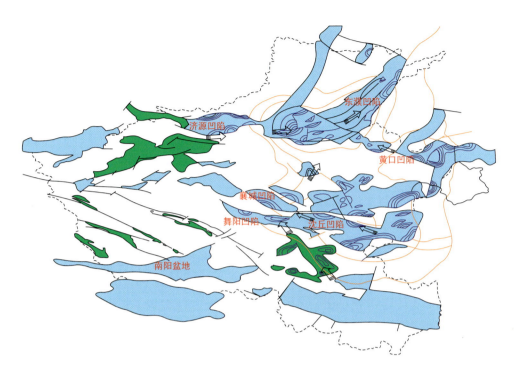

图 9-1 河南省中、新生代沉积盆地及推测始新世主河流分布示意图
(据王建平,2013)
蓝色区.古近纪沉积盆地；绿色区.中、新生代叠置盆地；蓝色线.古近系等深线；
橘黄色线.新近系等深线；箭头.推测主河流及流向

(三)岩盐凹陷构造特点

断块两侧差异升降促成"掀斜块断"之上的箕状盆地,古近纪凹陷既发育在先存北西西向断裂部位,又沿新生的北东向断裂展布,形成北西西、北东向交织的坳陷区或坳陷带,控盐凹陷处在坳陷区、带收敛的一端。

(四)含矿沉积建造

盐盆长期处于欠补偿状态,发育厚层暗色泥岩-油页岩-泥质白云岩-石膏-石盐建造,所在坳陷区、带上游的凹陷则以超补偿和稳定的补偿状态为主,充填物以砂砾岩、粉砂岩、泥砂岩为主体,最上游的凹陷充填物常呈红色。

(五)共生矿产

在层序上由下至上的矿产共生序列为:油页岩→盐岩→石膏→石油→天然气。

第二节 天然碱成矿控制因素及成矿规律

一、天然碱成因

国内外的诸多研究认为,天然碱的形成过程首先有钠盐的聚集,提供充足的物质来源;其次是需要一个必要的进一步碱化过程,不仅需要提供大量二氧化碳或碳酸根的条件,而且,在钠盐溶液中必须要有其他可溶的碱性物质(如氨),才能加快钠盐形成碳酸钠或碳酸氢钠的速率。因此,天然碱成矿规律受控于大地构造背景、古地理、古沉积、物质来源、古气候、古盐度等多种地质条件。

与美国的绿河、犹英塔等成碱盆地相比,泌阳凹陷和桐柏盆地既有相似特征,又具有并不完全相同的成矿机理。美国绿河盆地是新生代内陆沉积盆地,始新世早期的绿河组蒂普顿段夹有油页岩和白云岩,威尔金斯峰段主要由原生白云质泥晶灰岩、泥灰岩、泥岩、砂岩组成,夹有多层天然碱和天然碱-石盐混合层。而安棚碱矿层通常夹于泥质白云岩与白云质泥岩之中,基本未见石盐,却又发育较多的芒硝。吴城碱矿则呈现与油页岩共生的特点。

二、成矿控制因素

河南省天然碱矿的研究先后有:《安棚碱矿的沉积特征及成矿条件初探》(西安石油学院,王觉民,1987);《南襄盆地泌阳凹陷油、碱共生的地质条件》(中国石化股份公司石油勘探开发研究院,秦伟军;河南油田地质研究院,段心建,2003);《安棚地区天然碱矿沉积特征及成因研究》(长江大学地球科学学院,陈小军,罗顺社等,2009)。以泌阳凹陷为例,归纳天然碱成矿控制要素有以下5个方面。

(一)持续沉降、相对封闭的古近纪始新世沉积环境

泌阳凹陷是在北西走向的内乡-桐柏断裂和北东走向的栗园-泌阳断裂联合控制下的"南断北超型"箕状断陷。以持续沉降的古近纪始新世沉积为主体,现有的钻井地质资料证实,核桃园组三段、二段和一段的最大沉积厚度分别为1365m、896m和773m。诸多的有关研究认为,核三段是凹陷沉降幅度最大、水体最深的时期,核二段则为沉积幅度相对减小、湖水最为浓缩的时期,南部的深凹部位均以半深湖-深湖相为主,两者范围分别为150km^{2}和40km^2(图9-2)。

值得关注的是,泌阳湖盆的南、东和北东部三面为桐柏、伏牛山脉环绕,与近8000m落差的内乡-桐柏、栗园-泌阳断裂共同构成了相对封闭的古地貌背景,致使湖盆不仅持续接受四周的汇水和物质供给,而且湖盆基本没有相应通畅的排泄口,因此提供了易于在湖盆深凹部位形成天然碱的沉积环境。

(二)丰富的钠盐物质来源

泌阳凹陷周缘分布着大面积的古元古界、中—新元古界、古生界和多期花岗岩。根据河南石油勘探局和河南省地矿局的有关资料,凹陷四周的混合片麻岩、细碧角斑岩和花岗岩均富钠

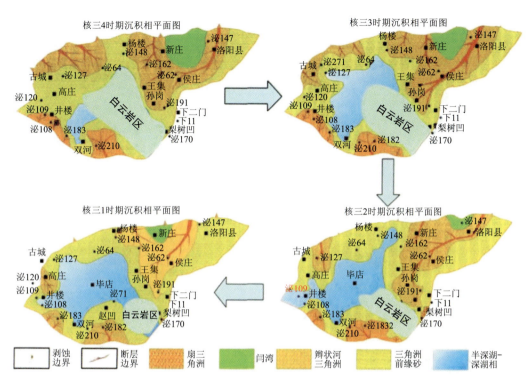

图 9-2 泌阳凹陷核三段上部沉积相示意图
(引自刘俊青,2010)

贫钙(表9-1),主要成分为斜长石和钾长石,前者以钠长石为主,后者也以含钠长石组分的微斜长石为主。钠长石经风化淋滤,可生成易溶于水的碳酸氢钠,其本身则呈现高岭土化,部分黏土矿物和水溶性碳酸氢钠一起汇流入湖。由此可见,泌阳凹陷周缘钠长石的风化淋滤,提供了形成天然碱的主要物质来源。

表 9-1 泌阳凹陷周缘侵入岩的化学分析结果统计表(据王建平,2013)

样品代号	岩石类型	化学成分(%)							
		SiO_2	Al_2O_3	Fe_2O_3	FeO	MgO	CaO	Na_2O	K_2O
ISi329/1	花岗斑岩	77.18	13.34	0.29	0.44	0.11	0.53	2.89	4.30
ISi329/21	纳长石英斑岩	73.34	15.08	0.19	0.28	0.22	0.06	4.18	3.01
ISi549/3	黑云母花岗岩	71.27	14.26	1.40	1.17	0.23	0.92	4.35	4.42
YQ28/2	角闪花岗岩	68.42	14.18	1.47	2.05	0.79	2.19	4.24	4.68
YQ56/2	花岗糜棱岩	72.70	14.78	1.13	0.60	0.52	0.73	3.40	5.48

(三)有机质的降解提供了丰富的二氧化碳

核桃园组二段、三段是泌阳凹陷的主要生油岩层段,其中核三段生油岩厚度大于400～

500m,面积为 374km²,有机碳平均含量高达 2.05%,氯仿沥青"A"平均含量为 2252×10^{-6},干酪根以腐泥型为主。而且,泥质白云岩的有机质丰度也相对较高。在热演化进入成熟或高成熟阶段,相应的有机质降解作用不仅大量生成烃类,而且,能够提供丰富的二氧化碳,使之水溶液中的碳酸钠和碳酸氢钠相互转化,即 $Na_2CO_3+CO_2+HO_2=2NaHCO_3$,继而形成天然碱($Na_2CO_3\cdot3NaHCO_3$)。

(四)适宜的古气候及古盐度条件

泌阳凹陷的大量孢粉样品分析成果反映,核三段上亚段的裸子植物花粉以松科类为主,其次是麻黄粉属,可占总量的 77.45%;被子植物花粉以榆粉属、栎粉属占优,可占总量的 22%左右;核二段的麻黄粉属、杉科类和榆粉属、栎粉属又有明显增多。这些孢粉组合特征都指示当时的古气候应属亚热带干旱—半干旱气候。同时,大量介形虫、轮藻类化石鉴定分析成果表明,核三段和核二段均以美星介属、真星介属、盘星藻类、褶皱藻类、渤海藻科等为主,未见轮藻化石或含量甚少,反映沉积期的湖水含盐度较高,主要为咸—半咸水,直至核一段沉积期的湖水才趋于淡化,因此有利于天然碱的形成。

(五)白云岩相带是碱矿分布的主控因素

根据安棚碱矿多呈层状分布和单层厚度变化的特点,有关研究认为,由于深湖区位于风暴浪基面之下,未受湖浪或湖流搅动,属于低能、缺氧的强还原环境,以深灰、灰黑色泥岩、泥质白云岩为主,夹有油页岩和天然碱,通常组成泥岩或油页岩→天然碱→白云岩的韵律。如泌69井的 2080~2095m 井段可见 3 个油页岩与白云岩互层,夹有 2 层天然碱的韵律。这种干旱时期的蒸发岩(天然碱)与湿润时期的有机泥岩(油页岩)的互层韵律,应是季节性的湖水涨落与湖盆沉积环境的咸化→淡化→再咸化的变化。因此,天然碱常与泥质白云岩呈互层分布,白云岩相带控制了碱层分布,成为寻找古代碱湖的重要指示标志。

三、成矿规律

(一)成碱时期

赋存于吴城碱矿的五里堆组与赋存于安棚-曹庄碱矿的核桃园组均属于上始新统,表明晚始新世为重要的成碱时期。

(二)含碱盆地的空间分布规律

河南省处在南华北新生代盆地西南部及其外侧山脉地带,继华北古隆起早白垩世大规模沉降并周缘发育岩浆弧之后,新生代整体进入新的陆内伸展构造演化阶段。古近纪盆地的展布统一具有北东及北西走向交织的特点,但边山间盆地与中间稳定陆块区中的盆地各有不同的基底及构造特色。山间盆地为富含钠的铝硅酸盐基底,盆地规模小而稀少,受控于先存北西走向深断裂与隐伏北东走向深断裂的交会部位;稳定陆块区以碳酸盐岩基底为主,盆地交织连片,深凹带环绕山麓外侧分布。

在古地理环境上,山间盆地相对封闭,不断接受四周富钠基底含有 $NaHCO_3$ 风化淋滤溶液的供给,在湖盆深凹部位低等植物腐泥的作用下,持续形成滞流的碱化湖;稳定陆块区中的盆地,汇水来源广泛,大部分来自灰岩地区的径流,丰水期深凹带连通并排泄,枯水期咸化。因此,山间盆地与山外高原中的盆地分别控制了碱湖及盐湖的分布,显示基底与构造环境对碱、盐矿的控制作用。

(三)赋碱凹陷构造特点

古近纪山间凹陷均表现为受交叉断裂两边控制的簸箕状形态,尽管其在第四纪相对周围隆起处于沉降状态,但在新近纪期间连同所处造山带相对于南华北盆地大幅度抬升,致使山间古近纪原形盆地大范围剥蚀,残留簸箕状凹陷的面积很小。因此所保留的盆地或凹陷不论大小,与含矿性并不相关,往往是小盆地含大矿。

(四)含矿沉积建造

与通常盐湖中矿物的沉淀顺序(方解石→白云石→石膏→石盐→钾盐)所不同,吴城、安棚-曹庄碱矿具有独特单纯的碱性环境,构成泥岩→油页岩→天然碱→白云岩或与之反向的沉积韵律。

(五)共生矿产

在层序上由下至上的矿产共生序列为:油页岩→天然碱→盐岩→芒硝→石油→天然气,其中"下碱、上盐"的现象仅出现在吴城碱矿,安棚-曹庄碱矿在上部层位出现了芒硝矿。形成油页岩之前的腐泥物质是分解 CO_2 或 NH_3 促使天然碱形成的因素,亦是石油、天然气的生烃物质,是以上成矿系列的基础。

第十章 盐类矿产成矿预测

第一节 成矿预测原则

划分河南省新生代盆地岩盐、天然碱成矿预测区,主要遵循以下原则:岩盐、天然碱矿产的分布规律、规模、新生代盆地成矿地质条件。岩盐、天然碱矿产分布集中,盆地成矿物质来源补给充分,盆地的封闭性及沉降性好,经历了较长时间的退缩演化,具有较完整的沉积演化旋回,沉积建造为灰绿、红色碎屑岩系-碳酸盐岩-油页岩-盐碱、石膏建造,则具有较好的成矿条件。

第二节 成矿预测区划分

以成矿地质条件为基础,结合已有的矿产、物化探资料,将预测区分为A、B、C三类。
A类:
(1)成矿条件极为有利。
(2)已发现有矿床,工作程度较高。
(3)有望发现工业矿体。
B类:
(1)成矿地质条件有利。
(2)已发现有矿床,做过一定地质工作。
(3)有可能发现矿体或有意义的矿点。
C类:
(1)成矿地质条件较有利。
(2)分布有矿点或有意义矿化线索,工作程度低。
(3)有可能发现矿产地。
按上述标准,河南省中新生代盆地岩盐、天然碱成矿预测区见表10-1。

表 10-1　河南省中新生代沉积盆地岩盐、天然碱成矿预测区一览表

预测类别	盆地（凹陷）名称	工作程度
A 类	舞阳凹陷	石油普查、水文调查、地质填图、航磁放射性测量、地震、电法勘探、石油钻井、石盐探井、地质研究；已上储量表的矿产地有 5 个，地质工作程度高
A 类	泌阳凹陷	地质测量、重力普查、地震勘探、石油钻井；石膏矿详查、碱矿勘探；已上储量表的矿产地有 2 个，地质工作程度高
B 类	濮阳凹陷	地震勘探、石油钻井、岩盐普查
C 类	程官营凹陷	重力调查、地震勘探、石油钻井
C 类	襄城凹陷	重力、地震普查、石油钻井
C 类	元村集凹陷	地震普查、石油钻井
C 类	黄口凹陷	地震普查、石油钻井
C 类	三门峡盆地	重力、磁力、地震普查
C 类	板桥盆地	水文地质调查，重力、磁力普查，地震勘探
C 类	洛阳盆地	重力、电法、磁法勘探，石油钻井
C 类	潭头盆地	地质测量、地形测量、钻探，油页岩勘探
C 类	鹿邑凹陷	地震测线

第三节　主要成矿预测区分述

一、舞阳凹陷

（一）地层及构造基本特征

舞阳凹陷是以新生界为主体的沉积凹陷。地层自下而上分别为古近系玉皇顶组、大仓房组、核桃园组、廖庄组，新近系上寺组，第四系。舞阳凹陷（图 10-1）位于周口坳陷中带的西端。北抵嵩箕隆起，南邻秦岭褶皱带，西南为豫西隆起区。舞阳凹陷是在海西期侵蚀面基础上，在嵩箕、伏牛山两个古复背斜之间的古复向斜上发育起来的新生代凹陷。燕山期运动末期发生造山运动，由于叶鲁大断裂活动的加剧，使得断裂北盘抬升、南盘下降，从而使凹陷形成北断南超、北深南浅的呈近东西向展布的箕状凹陷。

该凹陷东西长 120km，南北宽 15～20km，面积 1900km²。新生代沉积厚度 7000～8000m。凹陷可分为西部斜坡区、中部凹陷区和东部隆起区。其中中部凹陷自西向东由 5 个深度不同、大小不一的次凹组成。

凹陷的南斜坡，地层总体走向 105°～285°，倾角 10°～20°，局部 30°，一般东部小，西部大，向北倾。北斜坡地层平缓，大部分地段 5°～10°，局部 20°，向南倾斜。由于构造活动和沉降的差异，在靠近鲁山漯河断层一侧，形成一系列东西向排列的次凹，其中叶县、老龚庄、孟寨 3 个次凹的沉积隆起过程中持续性较好，沉降中心迁移不大。在次凹之间，还发育一系列鼻状构造，现就主要的也是盐矿所在的叶县次凹和叶县鼻状构造分述如下。

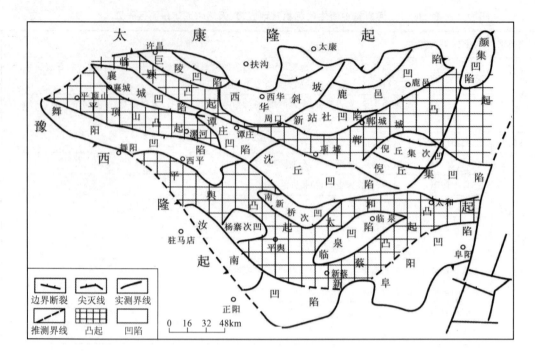

图 10-1 舞阳凹陷区域构造位置图
(据姚亚明等,2004)

叶县次凹:位于叶县县城西侧的西寺村至孟寨一带,平面形状大体呈圆形,面积约 100km²。凹陷的中心和北部地层倾角较小,一般 5°~10°;南部和东部地层倾角较大,一般 10°~20°,局部 30°;西部为断层切割破坏。次凹内未发现较大的断层。

叶县鼻状构造:位于叶县县城至小河赵、杨庄一线,鼻(轴向)150°~330°,两侧地层倾角 20°~30°,鼻状构造范围内未发现断层。

(二)含盐岩系沉积相

核桃园组沉积时,舞阳凹陷表现为北深南浅、北陡南缓向南抬起的箕状断陷盆地。受此构造格局控制,陡岸深水侧发育系列分布范围较小、相变快、近源粗碎屑沉积的扇三角洲沉积;斜坡浅水区发育系列分布范围较大、相变相对慢、岩性相对细的三角洲沉积。湖盆中水体受物源、气候、降雨量控制,在相对潮湿期沉积了一套以灰色泥岩为主的细粒沉积物,加少量薄层粉细砂岩;干旱期随着降雨量的减少,水系供水不足,水动力弱,输砂能力差,沉积盐岩、膏盐岩及泥岩类等细粒物质为主。

综合该凹陷的地震地质研究,在核桃园组该凹陷沉积相带具如下特征。

1.核三段沉积体系特征

核三段包括 2 个沉积阶段,一个是早中期凹陷未赋水阶段,发育辫状河体系;另一个是中后期凹陷逐渐赋水成湖阶段,随着北部边界断裂活动加强,控盆作用明显,在靠近边界断层处首先蓄水出现湖泊。湖盆范围小,水体浅,发育少量盐类沉积,南北两侧物源补给较为充足,沉积、沉降中心位于凹陷东部。在此沉积时期内,舞阳凹陷北部形成 8 个扇三角洲,分别是任店、孟奉店、叶县、甘刘、庞店、马村、马村东、大王庄-九街,南部存在4个三角洲,即田店西、坟台、谢庄和吴城,此期砂岩发育,普遍向湖盆中央延伸很远(图10-2)。

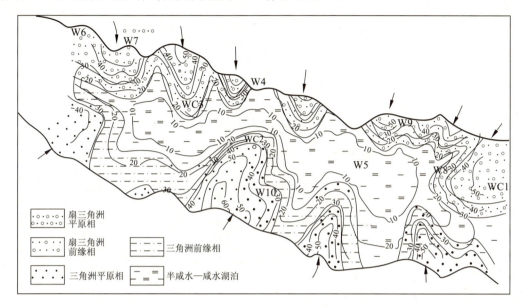

图10-2 舞阳凹陷核三段沉积相示意图

2. 核二下段沉积体系特征

核二下段是湖盆开始扩展的时期,继承了核三段的沉积格局,湖盆范围扩大,水体加深,盐类沉积较核三段略有增加,砂岩分布范围小,并出现消失、迁移和合并现象。边界断裂控盆作用更加明显,沉降、沉积中心靠近北部边界断裂。由于供水较为充足,蒸发量小于降雨量,水体盐度达不到大量析出盐类矿物程度,膏质泥岩、膏质砂岩较为发育,出现少量盐岩沉积。由于物源补给较弱,扇三角洲及三角洲体系展布范围一般都比较小。该时期舞阳凹陷发育各种砂岩,即北缘的扇三角洲和南缘的三角洲体系,中部田庄至姜店发育浅湖相,半咸水湖相仅在老龚庄至庄罗一带发育,膏盐湖相在庄罗附近仅小范围分布(图10-3)。

3. 核二上段沉积体系特征

舞阳凹陷核二上段沉积期湖泊继续扩展,物源补给总体继续萎缩,与核二下段沉积格局基本一致。此时期由于气候趋于干旱,湖泊处于咸水、半咸水状态;盐度升高,析出大量盐类物质。沉积、沉降中心逐渐西移至舞3井一带。三角洲、扇三角洲体系的各沉积体继承了核二段早期的沉积格局,基本上在原地分布,吴城、坟台沉积相基本上维持原貌,东部湖区范围变小,西部三角洲明显退积,湖区变大,在叶县—王店—段庄一带为半咸水湖相,舞3井至王店一带分布有膏盐湖相。舞9井一带物源补给充足,扇三角洲规模较核二下段明显增大,晚期逐渐减弱,舞8井—舞参1井一带在早期物源较弱,中期逐渐加强,晚期又减弱,舞6井—舞7井一带在早中期物源充足,晚期逐渐减弱,舞10井一带物源较为稳定,但总体较弱(图10-4)。

4. 核一段沉积体系特征

此时期继承了核二上段沉积背景,湖泊迅速扩大,三角洲、扇三角洲体系显著萎缩,分布范围小,广大范围内表现为咸水-半咸水的深湖环境特征。该时期舞阳凹陷环境面貌与核二上段

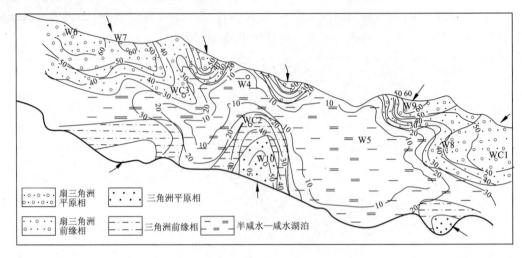

图 10-3 舞阳凹陷核二下段沉积相示意图

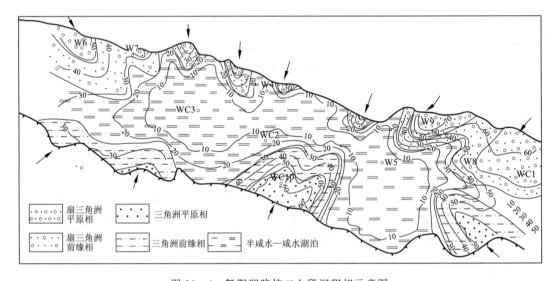

图 10-4 舞阳凹陷核二上段沉积相示意图

沉积期相比已经发生了很大的变化,原生的沉积物源仍在起作用,但强度已大大减弱。凹陷以咸水深湖占优势,膏、盐沉积主要分布在舞 3 井、舞 4 井、舞参 2 井、舞 5 井等井区的广大范围内,湖相泥岩遍布绝大部分凹陷区,舞 6 井至舞 7 井一带任店—孟奉店的扇三角洲已退缩至舞 6 井附近,舞 7 井已为湖相沉积。北部的其他几个扇三角洲规模均大幅度变小,南部的 3 个三角洲规模稍大,吴城三角洲延伸至段庄附近(图 10-5)。

(三)舞阳凹陷岩盐分布范围

舞阳凹陷核三段—核二二段为开放型的湖盆沉积,核二一段—核一段为封闭型的盐湖沉积,盐湖沉积学已经表明,对于封闭型的盐湖盆地,由于溶解度的差异,从平面上来看,泥岩沉积在湖岸地带,盐岩沉积在湖中心,而石膏岩沉积在泥岩带和盐岩带中间。舞阳凹陷的核二一段—核一段的盐岩沉积按盐岩—石膏岩—泥岩自中心向湖岸地带分布。

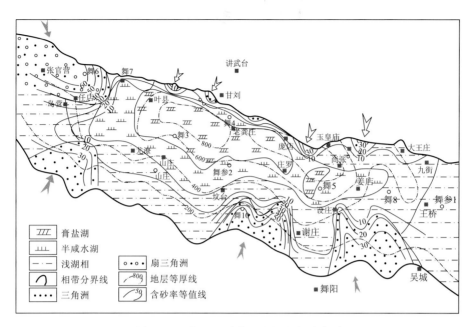

图 10-5 舞阳凹陷核一段沉积相示意图

从盆内钻井(舞参 2 井、舞 3 井、舞 4 井、舞 5 井及舞 7 井)岩性的观察来看,发现盐的沉积具有明显的集中性与阶段性,或集中于该段的上部,或集中于该段的下部,盐岩沉积段从地震反射特征上来看明显分为上、下两段,即盐岩集中发育段和盐岩沉积间歇段。结合钻井资料单井层序划分结果和地震资料反射特征,总结出凹陷核二二上段除了盆缘或物源口外,大部分地区的沉积为浅水还原色沉积,沉积主要以泥岩为主,部分钻井有石膏沉积。核二一下段在凹陷中心为盐岩主要沉积期,凹陷中心地震相为一套连续性好、强振幅、中低频率的沉积。核二一上段相比核二一下段来说,主要为石膏岩和泥岩的沉积,地震相为一套连续性较好、中强振幅、中等频率的沉积。核一下段为盐岩主要沉积段,地震相为一套连续性好、强振幅、中低频率的沉积。核一上段主要为石膏岩和泥岩的沉积,地震相为一套连续性较好、中强振幅、中等频率的沉积。具体各井表现如下。

舞参 2 井:核一上段主要发育石膏质泥岩与紫色泥岩,夹薄层石膏质白云岩与石膏质砂岩;核一下段发育盐岩与泥岩互层,夹薄层砂岩、石膏质白云岩以及泥膏岩;核二一上段发育深灰色泥岩,夹薄层深灰色白云质泥岩与灰色泥质粉砂岩;核二一下段发育深灰色石膏质泥岩、灰色粉砂岩、深灰色白云质泥岩、灰色泥质粉砂岩、灰白色石膏质盐岩与深灰色泥岩;核二二上段主要发育深灰色泥岩、深灰色泥质细砂岩、灰色泥质粉砂岩、灰色粉砂及灰色石膏质粉砂岩,部分发育少量褐色泥岩、灰色白云质泥岩与紫色泥岩;核二二下段发育紫色泥岩、灰色粉砂岩、杂色含砾不等粒砂岩与灰色砂岩,部分发育少量褐色粉砂岩、白色泥岩与杂色砾状砂岩。

舞 5 井:核二一下段主要发育灰色泥岩、灰色石膏质泥岩、灰色石膏质盐岩、灰色白云质泥岩与灰白色盐岩,局部发育灰色砂质泥岩与深灰色页岩;核二二下段发育杂色砂质泥岩、杂色石膏质泥岩、灰色泥岩、褐色泥岩与褐色砂质泥岩。

舞 3 井:核一段主要为灰色泥岩、泥膏盐,夹少量盐岩;核二一段主要为盐岩与泥岩互层,夹少量砂岩;核二二段主要为砂泥岩互层。

舞阳凹陷东部舞9井、舞8井由于地震资料质量较差,不能有效区分砂岩、泥岩与盐岩。综上分析,舞阳凹陷盐岩平面分布图如图10-6所示。

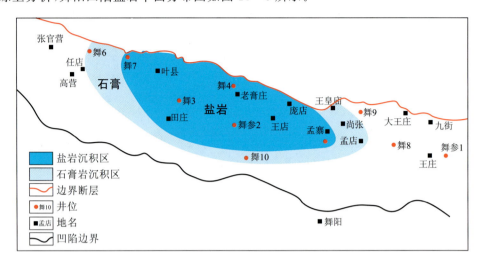

图 10-6 舞阳凹陷盐岩沉积平面示意图

(四)资源储量估算

截至2010年底,舞阳凹陷查明资源储量的矿产地7处,查明岩盐资源储量(矿物量)839 392.54×10⁴t,保有资源储量(矿物量)832 784.84×10⁴t,查明资源储量的矿产地为叶县田庄盐矿段、叶县马庄盐矿段、叶县田庄盐矿段(东段)、叶县娄庄盐矿详查区、叶县姚寨盐矿普查区、舞阳县孟寨盐矿区、舞阳县孟寨盐矿区梅庄矿段。已查明资源储量的面积占整个凹陷的20%,尚没有查明资源储量的地区资源潜力巨大,目前,河南省国土资源科学研究院正在该区进行盐矿普查。

1. 资源量预算的方法

预测区内盐层呈层状分布,矿体在平面上分布比较稳定,纵横向对比关系清楚,且矿层厚度变化有规律。矿石品位较高且变化范围较小。矿层产状平缓。因此,该区采用地质块段法估算资源量较为合理。

资源量估算公式:

$$Qi = Vi \cdot d = S \cdot M \cdot d$$
$$Pi = Qi \cdot C$$

式中:Vi——块段的体积(m^3);

S——块段的面积(×$10^3 m^2$);

M——块段的厚度(m);

d——块段矿石的小体重(t/m^3);

Qi——块段的矿石量(×10^4t);

Pi——块段的NaCl储量(×10^4t);

C——矿石NaCl品位(%)。

2. 预测资源量估算参数的确定

1)块段水平投影面积

在预测资源量估算平面图上,由计算机利用 MapGIS 软件直接读取,其精度可靠。

2)盐层厚度

根据钻井资料,舞 7 井盐层厚 34m,舞 4 井盐层厚 248.5m,舞 3 井盐层厚 199m,舞参 2 井盐层厚 168.5m,舞 5 井盐层厚 93.5m,取平均值 191.4m。

3)矿石 NaCl 品位

矿石 NaCl 品位采用区内已查明资源储量矿区平均品位,各已查明资源储量矿区的矿区 NaCl 平均品位为:孟寨矿区梅庄段 94.44%,孟寨矿区黄庄段 94.53%,孟寨矿区 94.02%,叶县娄庄段 89.1%,叶县姚庄段 89.22%,神鹰盐厂 84.24%,石油勘探局盐矿 85.4%,叶县第一盐厂 82.51%,叶县豫昆盐矿 83.05%。

4)矿石体重

矿区盐矿矿石体重与 NaCl 含量基本上为负相关,NaCl 含量越高体重越小,经数理统计结果得出 NaCl 品位与小体重关系表(表 10-2)。

表 10-2 NaCl 品位与小体重关系表

NaCl(%)	84	85	86	87	88	89	90	91	92	93	94	95	96	97	98
小体重(t/m^3)	2.325	2.309	2.292	2.276	2.259	2.243	2.226	2.210	2.193	2.177	2.160	2.144	2.127	2.111	2.095

资源储量估算中,块段盐矿石平均体重由块段的平均品位取整数,再由表 10-2 中查出。

3. 预测资源量预算结果

根据以上资源量预算公式和参数,共预算岩盐(334)?类资源量 7 980 906×10^4t。具体见资源量预算明细表(表 10-3)。

表 10-3 资源量预算明细表

块段编号	资源储量类型	水平面积(m^2)	厚度(m)	品位(%)	视密度(t/m^3)	矿石量(×10^4t)	矿物量(×10^4t)
	(334)?	185 240 000	191.4	88.5	2.251	7 980 906	7 063 102
合计		185 240 000				7 980 906	7 063 102

二、泌阳凹陷

(一)地层及构造基本特征

1. 概况

泌阳凹陷位于河南省南部的唐河县、桐柏县与泌阳县境内,其构造位置处于南襄盆地东北部,是南襄盆地内一个次级构造单元,西以唐河低凸起与南阳凹陷相隔,北为社旗凸起,东、南部被桐柏山脉环绕(图 10-7),面积约 1000km^2。

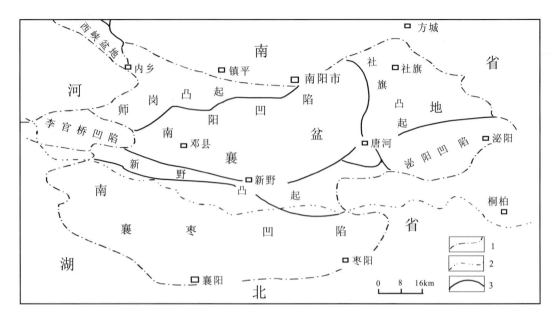

图 10-7 南襄盆地地理位置及构造单元划分图
1.盆地边界;2.省界;3.凹陷边界

泌阳凹陷东缘和南缘在晚白垩世—古近纪一直受北西向的内乡-桐柏断裂和北东向的泌阳-栗园断裂控制,形成一个东南深、西北浅的箕状凹陷,凹陷内各时期的沉积中心基本一致,自西向东有小的位移,但始终在两组断裂交会处的狭小范围内(安棚附近)。

2. 地层

泌阳凹陷基底地层为北秦岭褶皱带的元古宇变质岩,沉积地层以古近系为主,最大沉积厚度约8000m,自下而上分为(表10-4):上白垩统寺沟组,古近系古—下始新统玉皇顶组,始新统大仓房组、核桃园组、廖庄组,新近系凤凰镇组和第四系平原组,其中新近系和第四系地层厚度不超过250m。根据核桃园组的沉积旋回特征、含生物化石特征以及地球物理测井特征,并结合石油和天然碱勘探的需要,自下而上将其分为核三段、核二段、核一段,其中核二段和核三段是天然碱的主要勘探目的层。

3. 构造基本特征

泌阳凹陷是南襄盆地中的一个富含油气的次级小型断陷,凹陷被北西向栗园-唐河断裂和北东向栗园-泌阳断裂所夹持,形成南深北浅的箕状形态。凹陷内的局部构造一般形成较早,且具有一定的继承性,多向深凹陷倾没,分布在生油区内或邻近生油区,为形成各种类型的油气藏提供了良好的构造背景。构造格局大体可划分为南部陡坡带、中部深凹带、北部斜坡带3个部分(图10-8),局部构造以鼻状构造为主,背斜构造较少。

北部斜坡带分布在井楼—泌47井—泌63井以北广大的断块构造区,为继承性单斜区,构造坡度相对较小,为缓坡区。由南部断裂控制的北部缓坡区的构造面貌形成时期稍早,由东部边界断裂控制的正断层在后期对其进行了改造,形成复杂的断块构造面貌。存在一系列面积较大的鼻状构造,且断层发育,将这些鼻状构造切割成多个断鼻、断块。该构造单元最大的特点是在构造等值线的展布上受控于南部唐河-栗园断裂,在断层的样式上记录了东部泌阳-栗园断裂的影响。该构造单元构造等值线的走向基本上为北西西或北东东向,与南部边界断裂走向基本一致;断裂展布方向以北东向为主,与凹陷的东部边界断裂走向基本一致。

表 10-4 泌阳凹陷地层简表

地质时代	地层			地层代号
第四纪—新近纪	平原组、凤凰镇组			Q+N
古近纪		廖庄组		El
	晚始新世	核桃园组	核一段	Eh^1
			核二段	Eh^2
			核三段 核三上段	Eh^3 上
			核三下段	Eh^3 下
	中始新世—古新世	大仓房组—玉皇顶组		$Ed+y$
晚白垩世	上白垩统?			
前白垩纪	前白垩系			

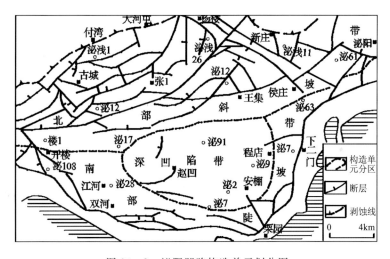

图 10-8 泌阳凹陷构造单元划分图

南部陡坡带是两个边界大断裂的断裂面在水平面上宽约 3km 的投影区,发育一些小型的断鼻构造和为数不多的逆牵引背斜,圈闭幅度大。构造等值线密度大,构造坡度大,故称为陡坡。该构造带中南部仅零星发育断层,为唐河-栗园断裂上盘的同向或反向调节断层,断层规模小,切穿层位有限;东部断层规模相对较大,以北东、北西、北东东向正断层与边界断层相交为主要特征。

中部深凹带是北部斜坡带和南部陡坡带之间的凹陷中心区域,构造简单,断层稀少。在构造位置上比较特殊,在核三段不同的反射层构造图上表现为轴向北西的凹陷,与其他构造单元明显不同。中央凹陷构造带相对北部斜坡区深度要大得多,不易形成断层。另外,与南部和东部陡坡带相比较,该区远离边界断层,也不具备形成断层的有利条件。

(二)沉积相类型及特征

(1)扇三角洲相:泌阳凹陷扇三角洲相主要发育于靠近南部边界断层的陡坡带,在杨桥、平氏、长桥、桂岸一带形成扇三角洲群,靠近东部断裂的梨树凹一带也有扇三角洲沉积。平氏附近有大型河流注入,形成了全凹陷最大的扇三角洲,轴向长度约10km,其他扇三角洲的轴向长度约3~5km。

(2)辫状河三角洲:泌阳凹陷辫状河三角洲主要发育在凹陷东北部的侯庄一带,沉积的主要是砂岩、砾岩与泥岩、泥质粉砂岩互层,砂岩、砾岩含量高,单层厚度大。

(3)曲流河三角洲:泌阳凹陷曲流河三角洲主要发育在凹陷西北部的古城、张厂一带,与侯庄一带的辫状河三角洲相比较,其沉积物普遍较细,砂体主要由砂岩和粉砂岩组成,砾岩和砂砾岩少见。

(4)湖泊相:泌阳凹陷在古近系沉积时期是一个面积较大的湖泊,面积在1000 km^2 左右。湖泊边缘沉积物类型以陆源碎屑岩为主,湖泊中央部位安棚一带(图10-9),白云岩发育,其含量可高达58%。在核二段沉积时期,还有天然碱。泌94井至安棚一带砂岩含量最低,应为最深的部位。与此最深部位邻近的泌195-2井、泌216井的核三段岩芯中见到丘状波痕,说明在风暴浪基面附近,水深约20m。从碳酸盐含量来看,湖泊的盐度在不同时期是变化的,应在1.4%~3.5%之间。将砂岩含量在30%以上的区域定为浅湖区,砂岩含量在10%~30%以下的区域定为半深湖区,将砂岩含量在10%以下的区域定为深湖区。由于泌阳凹陷周缘三角洲发育,浅湖区基本上就是三角洲前缘,砂岩含量在30%以上;前三角洲属于半深湖,砂岩含量在10%~30%;深湖位于安棚—安店一带,大致呈北西走向,宽3~8km,面积约70 km^2,其沉积主要为深灰色、灰黑色泥(页)岩、白云岩、泥质白云岩,砂岩含量在10%以下。

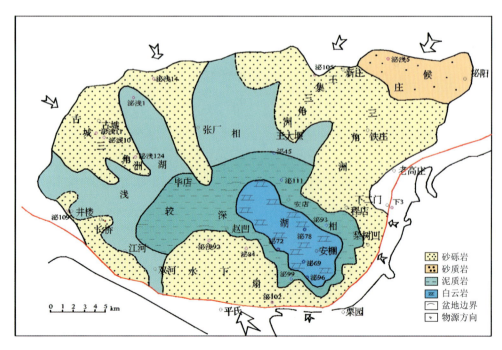

图10-9 泌阳凹陷核三段沉积相图

(三)物源方向和古水系

1. 物源方向

泌阳凹陷古湖盆为高山和隆起所环抱,这种古地貌特征,提供了多种物源的沉积背景,形成了不同类型的砂岩。从宏观来看,可分为南、北两大物源体系。

南部物源来自古桐柏山山脉,根据岩芯观察和薄片鉴定资料统计,在核桃园组沉积期其源区母岩性质为酸性岩浆岩和变质岩,与桐柏山山脉的岩性组合基本一致的物源至少有大小不等的8处,且具有一定的继承性。

北部物源体系来自伏牛山脉及社旗古隆起地区,在核桃园组沉积期,根据岩芯观察和薄片鉴定统计,母岩与社旗古隆起和伏牛山脉的变质岩组合基本一致的主要物源有4处,且继承性较强。

2. 古水系

根据物源方向及湖盆砂体类型分析,本区可分为南北两大水系,从不同方向流入湖盆中。南部水系来自古桐柏山脉,由西向东大约有8处,入湖后,形成扇三角洲粗碎屑沉积,季节性强,具继承性。北部水系主要来自古伏牛山和社旗隆起,是凹陷北部的主要物源,有2个主要的河流,其一是伏牛山东麓、侯庄、王集河流,多为山间河流,在凹陷东北斜坡侯庄、新庄一带以辫状河方式入湖,形成近源三角洲砂体。其二是伏牛山—古城、张厂河流,经较宽的冲积平原后,在古城付湾附近以曲流河方式入湖,形成远源三角洲砂体。

(四)核桃园组沉积时的古气候

依据微量元素含量、比值的变化特征,结合盐度、岩性、自生矿物、沉积构造及孢粉组合把核桃园组沉积时的古气候分为如下几个更细的变化阶段(图 10-10): ①H^3Ⅷ—H^3V 砂组,气候由半干旱变为潮湿,湖面扩张,退积作用为主,为深水淡化环境;②H^3Ⅲ 砂组,气候干湿变化

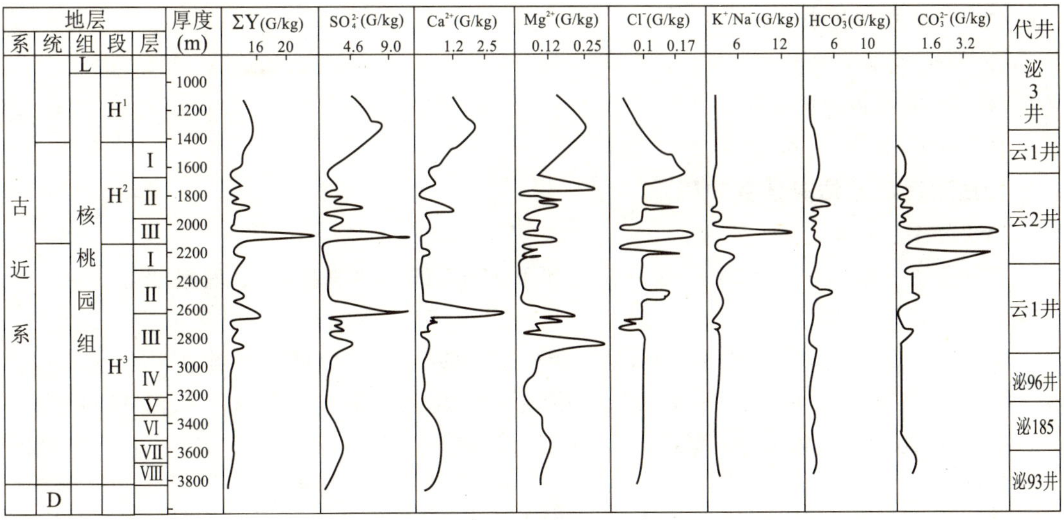

地层				厚度 (m)	ΣY(G/kg) 16 20	SO_4^{2-}(G/kg) 4.6 9.0	Ca^{2+}(G/kg) 1.2 2.5	Mg^{2+}(G/kg) 0.12 0.25	Cl^-(G/kg) 0.1 0.17	K^+/Na^+(G/kg) 6 12	HCO_3^-(G/kg) 6 10	CO_3^{2-}(G/kg) 1.6 3.2	代井
系	统	组	段 层										
古近系		核桃园组	H^1	1000–1400									泌3井
			H^2 Ⅰ Ⅱ Ⅲ	1600–2000									云1井
													云2井
			H^3 Ⅰ Ⅱ Ⅲ Ⅳ Ⅴ Ⅵ Ⅶ Ⅷ	2200–3800									云1井
													泌96井
													泌185
													泌93井
	D												

图 10-10 泌阳凹陷可溶性盐离子含量纵向演变图

频繁,水位升降、水面伸缩交替发生,为浅水泥坪与较深水沉积环境,水体时淡时咸;③$H^3Ⅱ$砂组,气候较潮湿,较深水沉积环境,水体较淡;④$H^3Ⅰ—H^2Ⅲ$砂组,气候炎热干旱,水体浅且咸,为碱湖和泥坪沉积环境,碱层发育;⑤$H^2Ⅱ—H^2Ⅰ$砂组,半干旱气候,浅水沉积环境,局部层段可见薄碱层;⑥H^1段,半干旱至较潮湿气候,水体面积有较大扩张,为浅水沉积环境,水体较淡。

(五)泌阳碱矿分布范围

根据岩相及钻井资料综合解释,北部泌204井全井无油页岩,仅在2380m以下有数段总计厚44.7m白云质岩,泌155井、泌199井全为砂泥岩,无油页岩和白云质岩,泌159井天然碱厚17.9m,$E_{安1}$井天然碱厚77.1m,泌93井厚109m,东部泌68井天然碱厚3m,泌355井厚8.4m,南部泌251井天然碱厚18.1m,C2井厚22.9m,西部无钻井资料,据岩相分析,西部边界止于安棚矿区边界。

(六)资源储量估算

截至2010年底,泌阳凹陷查明资源储量的矿产地1处为桐柏县安棚天然碱矿,查明天然碱资源储量(矿物量)$6390.37×10^4$t,保有资源储量(矿物量)$3982.04×10^4$t。查明资源储量的矿产地面积占凹陷的1.11%,剩余面积天然碱资源潜力巨大。

1.资源量预算的方法

预测区内碱层呈层状分布,矿体在平面上分布比较稳定,纵横向对比关系清楚,且矿层厚度变化有规律。矿层品位变化较稳定,矿层产状平缓。因此,采用地质块段法估算资源量较为合理。

资源量估算公式:

$$Q = h \cdot s \cdot P \cdot C$$

式中:Q——纯碱储量($×10^4$t);

h——矿层厚度(m);

s——矿体面积(m^2);

P——矿石体重(t/m^3);

C——矿石品位(%)。

2.预测资源量估算参数的确定

1)块段水平投影面积

在预测资源量估算平面图上,由计算机利用MapGIS软件直接读取,其精度可靠。

2)碱层厚度

安棚碱矿核二段矿层一般1m厚,核三段矿层一般2m厚,根据C34井、C2井、泌251井、泌74井、泌78井、$E_{安1}$井、泌159井、泌93井、泌364井、泌354井、泌347井、泌68井、泌349井、泌355井综合测井解释,取其平均厚度值10.95m。

3)体重

根据勘探报告,各矿层矿石体重变化范围为2.14~2.26t/m^3。

4)品位

根据勘探报告,其总样品含量的平均值为93.38%。

3. 预测资源量预算结果

根据以上资源量预算公式和参数,共预算天然碱(334)?类资源量 $118\,360×10^4$ t。具体见资源量预算明细表(表10-5)。

表 10-5 资源量预算明细表

块段编号	资源储量类型	水平面积 (m^2)	厚度 (m)	品位 (%)	视密度 (t/m^3)	矿石量 ($×10^4$t)	矿物量 ($×10^4$t)
	(334)?	49 132 500	10.95	93.38	2.2	118 360	110 525
合计						118 360	110 525

三、濮阳凹陷

(一)地层及构造基本特征

1. 概况

东濮凹陷位于渤海湾盆地临清坳陷,东部以兰聊断裂与鲁西隆起相分,西部超覆于内黄隆起之上,南部与中牟凹陷隔兰考低凸起相望,北部过马陵断裂与莘县凹陷相连,为受兰聊主断裂、长垣断裂及黄河断裂控制的两洼一隆凹陷。主体呈北北东向展布,南宽北窄,南北长 140km,东西宽 20~65km,面积 5300km²。

凹陷属于新生代沉降区,第四系厚 150~200m,新近系厚 1300~2300m。古近系东厚西薄,北厚南薄,最厚可达 6000m。古近系又可划分为孔店组、沙河街组、东营组、馆陶组、明化镇组。

2. 地层特征

东濮凹陷以中生界、古生界为基底,凹陷内沉积了巨厚(5000~6000m)的古近系河、湖相地层。古近系主要包括沙河街组和东营组。其中沙河街组可细分为 4 段 9 个亚段,北部沙河街组沉积了 4 套巨厚的、分布广泛的盐膏层,分别为沙一段、沙三$^{2-1}$亚段(卫城上盐)、沙三^{3}盐(卫城下盐)和沙三^4—沙四^{上}亚段(文 23 盐)。

3. 构造基本特征

东濮凹陷是一个古近系凹陷,整体呈箕状,东断西超,主体为地堑式。东濮凹陷南宽北窄,呈琵琶状,整体走向北北东。主要断裂控制着区域构造展布,文东、文西、卫东、卫西、长垣、黄河等二级断裂,将凹陷自东而西分为东部洼陷带、中央隆起带、西部洼陷带、西部斜坡带等 5 个 II 级构造带,纵贯南北,并排发育。多年来丰富的钻井和地震资料证明,东濮凹陷断裂极其复杂,但规律性较强。东濮凹陷主要存在北北东、北东、北东东、北西西、南北向 5 种断裂系统(图 10-11)。

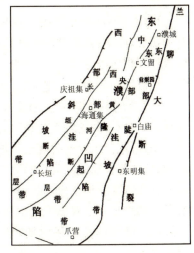

图 10-11

北北东向断裂系统：此断裂系统的走向与东濮凹陷的主体走向一致，约为北北东(约15°)，如东濮凹陷东部边界断层——兰聊断层、西部的长垣断层以及凹陷内部一些北北东向断层。

北东向断裂系统：大多属二级断裂，如中央隆起带两侧的文东、文西、卫东、卫西、濮城、黄河、马厂、三春集等断层，走向均为北东向(约35°)，以其为主构成北东向的断裂系统。

北东东向断裂系统：主要分布于凹陷中南部地区，如三春集断层东段、玉皇庙断层等，走向约为北北东(70°)。

北西西向断裂系统：这种断裂系统的断层较少，如凹陷南部边界断层——兰考断层等，走向约为北西西(300°)。

南北向断裂系统：主要分布在凹陷南部，由一些南北走向的断层组成。

（二）含盐岩系沉积特征及分布

东濮凹陷的沉积体系可划分为湖泊、三角洲、河流、浊积相等。在其凹陷北部沙河街组沉积了4套巨厚的、分布广泛的盐膏层，Es^4—Es^1的盐类沉积，累计达60多层。可将其分为12个盐组，其中Es^4含1组，Es^3含8组，Es^2含1组，Es^1含2组(图10-12)。

东濮凹陷4套不同时代的盐膏岩在横向上具有不同的分布范围，且每一套盐在其沉积的早期、中期和后期分布范围也不同，随盐湖沉积中心的迁移而改变。含盐层系的沉积厚度也不等，一般为100~1000m。

Es_4^1沉积期，在凹陷北部开始出现盐类沉积，盐类沉积中心位于文留南部地区，主要为由泥岩及薄层碳酸盐岩、泥膏岩、膏泥岩组成的韵律层。盐岩分布面积很小，仅局限于文留南部至柳屯南部地域，向北泥质含量和泥膏层减少，逐渐相变为粉—细砂岩[图10-13(a)]。

Es_3^4沉积初期，盐类沉积中心仍位于文留南部地区。至Es_3^4盐沉积中期，盐类沉积沿河口湾向北东方向移动，其中心位于文东地区和西部柳屯凹陷。范围扩大，东起文东，西至胡状集，北起马寨，南到文南，近似椭圆形展布。Es_3^4盐沉积后期，盐类沉积中心继续向北迁移，主要分布于文北、文东一带。反映海平面在持续上升，海水持续向上游（东濮凹陷北部）推进。即沙三^{4}段盐岩主要分布于柳屯—户部寨地区，南到文留南部，沉积中心在柳屯附近[图10-13(b)]。

Es_3^3沉积期，盐类沉积中心再进一步往北迁移至卫城地区。Es_3^3沉积后期，盐岩沉积范围有所扩大，除卫城、西部柳屯洼陷外，古云集地区也分布有盐岩沉积，可以看出Es_3^3盐类沉积具继承性沉积特点。即沙三^{3}段盐岩分布范围是南到文9井附近，北到文明寨，西到柳屯，东到濮城。沉积中心在卫城地区，厚度约120m[图10-13(c)]。

Es_3^2盐沉积初期，盐类沉积中心开始发生重要变化，由原先的自南往北迁移转而自北往南迁移，沉积中心的这种变化说明，此时海面由原先的持续上升转而开始下降。因而上游（凹陷北部）的河流淡水沿河谷驱赶上溯的海水，导致高盐区的位置自北向南移动。在此范围内，南边的徐镇、前梨园是以泥(页)岩为主，北边至卫103井以北，盐类沉积中心在柳屯以南，由此向南、向北，变为泥膏岩(泥岩)→砂岩，这说明，此时的盐类沉积，受到来自北部的河流淡水和来自南部的海水之双向干扰。沙三^{2}段盐岩主要分布在卫城、户部寨、胡状集、文留，沉积中心在柳屯以南，Es_3^1盐沉积时期，盐岩沉积范围进一步减小，仅局限柳屯以北地区[图10-13(d)]。

Es_2沉积时期，仅局部地区有盐岩沉积[图10-13(e)]。

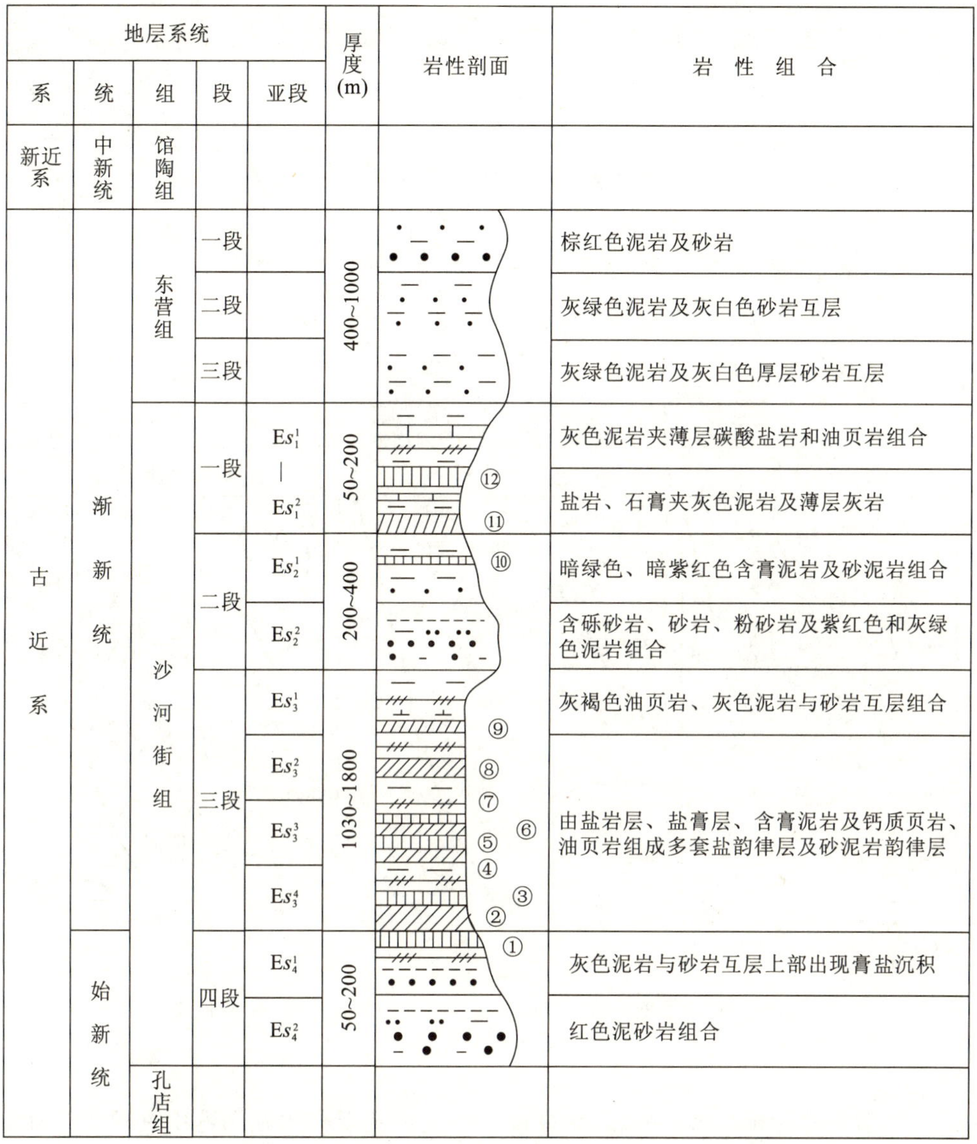

地层系统				厚度(m)	岩性剖面	岩性组合
系	统	组	段	亚段		

系	统	组	段	亚段	厚度(m)	岩性剖面	岩性组合
新近系	中新统	馆陶组					
古近系	渐新统	东营组	一段		400~1000		棕红色泥岩及砂岩
			二段				灰绿色泥岩及灰白色砂岩互层
			三段				灰绿色泥岩及灰白色厚层砂岩互层
		沙河街组	一段	Es_1^1—Es_1^2	50~200	⑫⑪	灰色泥岩夹薄层碳酸盐岩和油页岩组合
							盐岩、石膏夹灰色泥岩及薄层灰岩
			二段	Es_2^1	200~400	⑩	暗绿色、暗紫红色含膏泥岩及砂泥岩组合
				Es_2^2			含砾砂岩、砂岩、粉砂岩及紫红色和灰绿色泥岩组合
			三段	Es_3^1	1030~1800	⑨	灰褐色油页岩、灰色泥岩与砂岩互层组合
				Es_3^2		⑧⑦	
				Es_3^3		⑥⑤④	由盐岩层、盐膏层、含膏泥岩及钙质页岩、油页岩组成多套盐韵律层及砂泥岩韵律层
				Es_3^4		③②	
	始新统		四段	Es_4^1	50~200	①	灰色泥岩与砂岩互层上部出现膏盐沉积
				Es_4^2			红色泥砂岩组合
		孔店组					

图 10-12 东濮凹陷古近系各盐组(以①等表示)柱状简图

Es_1^2 沉积初期,盐类沉积中心有 3 个:一个在卫东地区,另两个分别位于东、西两凹陷,且东部凹陷盐岩沉积厚度大于西洼。反映了海面再度上升后,导致东濮凹陷古河谷的面积空前地扩大。但这一势头到 Es_1^2 沉积后期,即衰减下去。沙一^{下}段盐岩是分布最广的一套盐膏层,南到习成集,北到濮城北、古云集,在东西洼陷带最厚可达 140m[图 10-13(f)]。

(三)濮阳凹陷岩盐分布范围

1. 沙三^4 段盐岩横向分布特征

从大的规律来看,沙三^4 段盐岩是一个统一的沉积旋回,从早到晚是一期比较完整的盐湖发育期。沙三^4 沉积早期,区内控制沉积的兰聊、杜寨、文西断层已相继开始活动,但中央隆起

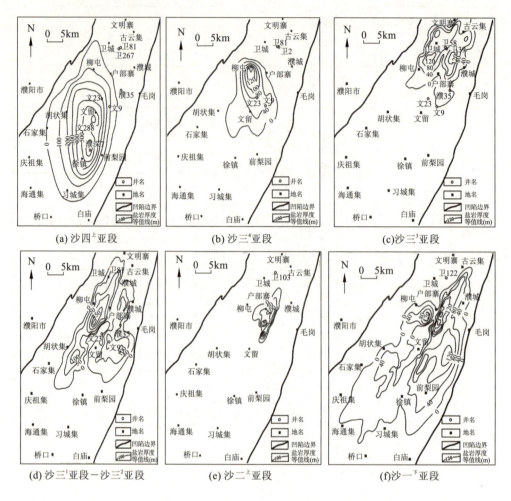

图 10-13　东濮凹陷古近系沙河街组盐岩分布及厚度(m)等值线图
(据陈发亮等,2005,有修改)

带尚未形成,盆底地形相对比较平坦、简单,沙三⁴盐岩主要集中在湖盆中央杜寨—前梨园—文留—胡状集—柳屯一带,根据钻井和地震解释,认为其南可到濮深 15 以南,北可到新卫 12 以北,西到胡 49 附近,东可达前梨园洼陷中部,面积约 120km²,钻揭最大厚度在濮深 7 附近,厚约 600m 左右。沙三⁴盐岩纵向上发育跨度较大,在东濮凹陷北部的沙三⁴亚段整套地层中几乎均有发育。

2. 沙三³段盐岩横向分布特征

在沙三⁴沉积末期,中央隆起带就已初具雏形,在沙三³沉积时期,中央隆起带强烈隆升,凹陷南部物源也不断向北推进,造成沙三³盐岩分布范围向北部卫城方向退缩,主要分布在凹陷北部柳屯—户部寨—濮城—文明寨—卫城—马寨一带,垂向上可以分为 7 个盐韵律。据钻井和地震解释,其南到胡 96、胡 110 附近,北到文明寨,西到卫 26、卫 33 附近,东到濮城地区,分布范围明显减小,面积约 120km²,钻揭最大厚度在卫古 1 附近,厚约 260m 以上。

3. 沙三² 段盐岩横向分布特征

沙三² 沉积时期,中央隆起带的强烈抬升,导致两侧大幅度下沉,东濮湖盆沉降中心逐渐向南移动,沙三² 盐岩分布范围也渐次南移,主要分布在柳屯、户部寨、胡状集长垣断层下降盘,文东以及前梨园洼陷亦有分布。这时因中央隆起带的分割,东濮湖盆变为东西两个深洼,二者在户部寨附近可能相连通,所以沙三² 盐岩的分布就表现为东西两套,且沙三² 盐岩整体分布范围也比沙三³ 盐岩大,其分布面积约 450km²,西洼沙三² 盐岩向南可到濮深 14 以南,向北可到卫城以北,东洼沙三² 盐岩的分布范围较小,向南到文 75 井以南,向北可到濮城,而且西洼沉积厚度大,最大钻揭厚度在文 218 附近,约 500m 以上,东洼的最大沉积厚度在文 404 附近,钻揭厚约 200m。

4. 沙一段盐岩横向分布特征

东濮凹陷沙一段盐岩的分布范围较其他深部层位的盐岩广阔一些,是分布范围最广的一套盐膏地层,但整体沉积厚度小,沙一盐岩南到刘庄地区的刘 16 井附近,北到古云集地区云 9 井附近,西边到胡状集地区,整个西洼都发育有盐岩,东到兰聊断裂带附近的前参 1—濮 11 一带,面积约 120km²,整个东濮凹陷北部几乎都发育盐岩,靠近凹陷边界的物源区除外。在前梨园洼陷、柳屯-海通集洼陷和濮卫次洼沉积厚度比较大,发育最厚的地区在户部寨,各小层累计厚度达到 190m 以上。沙一段的盐岩在不同地区分布特点不同,有几个盐岩的沉积中心,其中文 310 附近是一个盐岩沉积中心,盐岩沉积最厚达 150m 以上,文 404 井附近也是一个盐岩发育中心,盐岩在这一地区大面积沉积,沉积厚度达 130m,在东濮凹陷西部胡状集地区以文 255 井为中心的一个盐岩沉积发育区,其中盐岩沉积厚度达 60m 以上。濮城地区沙一段盐岩主要分布在濮卫次洼内,受濮城断层和濮城构造的制约比较明显。沙一段沉积时期,东濮湖盆相对比较稳定,湖盆范围广,但这时中央隆起带仍起一定的控制作用。由于受构造和地形的影响,沙一段绕中央隆起带留高点呈环形分布,在东、西洼陷带沉积最厚,在中央隆起带文留地区没有盐岩的沉积发育,此区域呈长条形分布,其走向与中央隆起带构造走向一致。

(四)资源储量估算

截至 2010 年底,濮阳凹陷尚没有查明资源储量的矿产地。

1. 资源量预算的方法

预测区内盐层呈层状分布,矿体在平面上分布比较稳定,纵横向对比关系清楚,且矿层厚度变化有规律。矿层品位变化较稳定,矿层产状平缓。因此,采用地质块段法估算资源量较为合理。

资源量估算公式:

$$Q = h \cdot s \cdot P \cdot C$$

式中:Q——岩盐储量($\times 10^4$ t);

h——矿层厚度(m);

s——矿体面积(m²);

P——矿石体重(t/m³);

C——矿石品位(%)。

2. 预测资源量估算参数的确定

1）块段水平投影面积

在预测资源量估算平面图上，由计算机利用 MapGIS 软件直接读取，其精度可靠。

2）厚度

根据各层厚度平均值求得。

3）体重

根据已测得的数据，取 2.10。

4）品位

根据钻孔测试数据，取 92%。

3. 预测资源量预算结果

根据以上资源量预算公式和参数，共预算岩盐（334）？类资源量（矿石量）64 346 058×10^4t，矿物量 59 198 373×10^4t。具体见资源量预算明细表（表 10-6）。

表 10-6 濮阳凹陷各盐层资源量预算明细表

块段编号	资源储量类型	水平面积（×10^4t）	厚度（m）	品位（%）	视密度（t/m^3）	矿石量（×10^4t）	矿物量（×10^4t）
沙四盐	(334)?	43 437	250	92	2.1	22 804 425	20 980 071
沙三盐	(334)?	58 773	230	92	2.1	28 387 359	26 116 370
沙二盐	(334)?	3501	100	92	2.1	735 210	676 393
沙一盐	(334)?	49 282	120	92	2.1	12 419 064	11 425 539
合计		163 096.5				64 346 058	59 198 373

四、吴城盆地

（一）地层及构造基本特征

1. 概况

桐柏吴城盆地为一古近纪山间盆地，位于河南桐柏县境内。大地构造位置处于秦岭褶皱系东段的南亚带，淮阳"山"字形构造的西翼与新华夏体系第二沉降带的复合部位，南部断陷，北部抬升，属于我国东部典型的断陷盆地，其特征与北西部 40km 处相邻的泌阳凹陷较为相似。盆地东西长 23km，南北宽 14km，略呈椭圆形，长轴近东西略向北东方向偏转，面积约 265km^2。盆地南部为太古宇混合片麻岩系，盆地北部为元古宇片岩系。盆内连续沉积了厚约 2200m 的新生界陆相碎屑岩和蒸发岩，最大累计厚度 2490m。自下而上分别由古近系毛家坡组、李士沟组、五里墩组以及新近系、第四系组成。古近系李士沟组、五里墩组均发育油页岩，天然碱层主要集中在五里墩组下段油页岩层之上，形成了世界第三、亚洲第二大的大型天然碱矿床。

2. 构造特征

盆地的形成严格受区域地质构造的控制，尤其是受区域性断裂或断裂带控制。就区域断裂而言,主要发育有北西和北东向两组断裂。对桐柏盆地的形成等起着控制或影响作用的主要有以下4条。

北西向商丹大断裂带:该断裂带在区域走向上以北西西(290°±)为主,仅在南阳—桐柏—信阳段表现为北西向(约310°)。目前很多学者认为该断裂带是华北板块和扬子板块的分界线。断裂带主断面倾向北东,倾角一般在70°左右,局部近直立,是控制盆地西南边界的断裂。在区域上,也是控制泌阳凹陷西南部边界的断裂。

北西向松扒断裂和北西向大河断裂:二者为近平行于商丹断裂带延伸的次一级区域断裂。断面皆为北东倾向,倾角70°左右。由北西向南东延伸,两条断层逐渐靠拢收敛,横穿盆地中部,于盆地东南部交于北东向出山店-淮河店断裂。

北东向出山店-淮河店-杨庄断裂带:该断裂带据走向可分为两段。南段为出山店-淮河店断裂,走向为北东向(约50°);北段为淮河店-杨庄断裂,其走向为北北东向(约20°)。该断裂带倾向北西和北西西,倾角70°左右,由几条与之近平行的断层组成,控制了盆地南东部边界。

3. 构造单元的划分

从盆地的构造特征来看(图10-14),可将盆地内二级构造划分为南部断阶带、月河店深凹陷带及北部斜坡带3个单元。

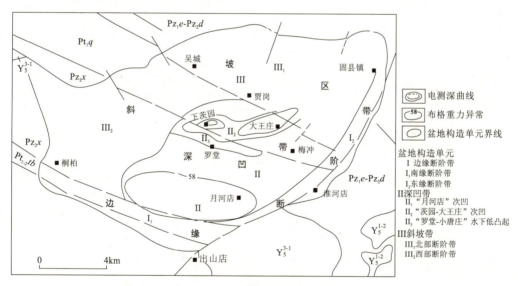

图10-14 吴城盆地构造单元划分图

(据何明喜等,1991)

南部断阶带:该断阶带主要分布于盆地南部、东南及西南部,紧临边界大断层并平行于边界断层呈带状分布。

月河店深凹陷带:该深凹带主要分布于盆地中南部一带,东部以西下河-柏树园断层与东部断阶带相隔,西南部以金桥断层与西南部断阶带相隔,西北以仲湾-大板桥断层与北部斜坡相区分,北部到碱矿北部边界,最深部位位于两条边界大断裂交会处下降盘一侧的月河店一带,基底最大埋深达3000m以上。深凹陷带构造相对较简单,除北部斜坡及南部断阶带发育的一些鼻状构造延伸到深凹带外,断层也比较发育。但总体为由盆地南部月河店一带向北西和北东方向延伸抬起的弧形向斜。碱矿位于深凹带向北延伸的条带状向斜内。

(二)吴城盆地天然碱分布远景分析

吴城盆地总面积 265km^2,根据电测深资料,盆地最大沉降中心有两个,呈近东西向分别分布在盆地中部茨园、大王庄一带,最大深度在 2000m 左右。吴城天然碱矿赋存于古近系五里墩组下段,从构造上看,位于盆地中心偏北的缓坡上,略呈一长轴为北西-南东向不规则的椭圆形展布,面积 4.66km^2,约占盆地总面积的 1.76%,矿体埋深在 642.76～973.78m 之间。根据五里墩组沉积岩相(图 10-15、图 10-16)、桐柏盆地电测深成果及钻孔资料分析,吴城碱矿已没有扩大的潜力。2005 年河南省地质矿产勘查开发局第二地质勘查院对吴城天然碱矿进行了储量核实,批准天然碱矿石量 8006.24×10^{4}t,碱储量 3432.62×10^{4}t。

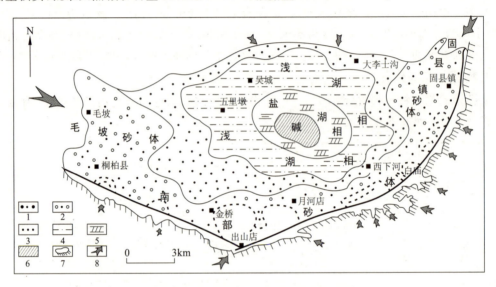

图 10-15 吴城盆地五里墩组沉积相图
1.砾岩;2.砾状砂岩;3.砂岩;4.泥岩;5.泥质云岩;6.碱岩;7.盆地边缘;8.物源方向

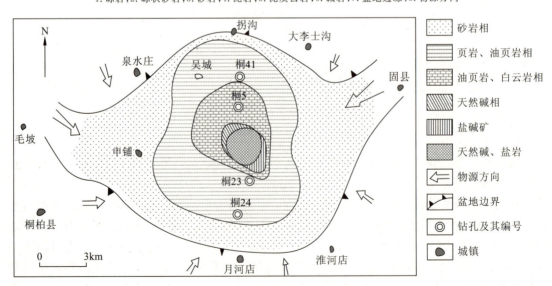

图 10-16 吴城盆地古近系五里墩组下段重点岩相分布图

(三) 程官营凹陷找碱远景分析

1. 程官营凹陷基本特征

程官营凹陷位于南阳凹陷禹桐断裂以北，其基底性质和构造特征与泌阳凹陷等相似，应从南阳凹陷中解体出来。该凹陷已钻袁1井、袁2井、南浅2井、南浅3井、南29井。袁1井、袁2井据完井报告，其岩性代表性差，只有参考价值。南29井主要为红色、棕红色砂泥岩及砾岩互层，并于3900余米进入基岩，据岩芯观察推测，可能钻遇"镇平-唐河"断裂的构造岩。该井应处于程官营凹陷南部边缘。

南浅3井深881m，暗色地层占8.6%，共厚32m。南浅2井深1000.6m，暗色地层占11.4%，共厚55m。结合区域资料分析，程官营凹陷可能有一定的暗色泥岩分布。

遥感资料表明程官营凹陷为"渲晕状"亮区；化探资料将该凹陷评价为Ⅰ级异常区，并认为具有一定的油气远景。

2. 程官营凹陷找碱远景初探

综合分析国内外蒸发岩盆地的聚盐机制，特别是结合安棚、吴城两碱矿的形成条件，初步认为程官营凹陷具有一定的成碱条件。

1) "镇平-唐河-桐柏松扒"断裂与碱矿关系密切

程官营凹陷南界断裂正是泌阳凹陷南界断裂，它与泌阳安棚碱矿和桐柏吴城碱矿关系极为密切。断裂的存在及其活动性是成碱的必要条件，有一种观点认为盐碱来源于与深部断裂有关的深层热卤水。

2) 成碱物质来源丰富

伏牛山花岗岩体和细碧角斑岩系的风化剥蚀为丰富的钠质来源之一，"镇平-唐河"断裂为深层热卤水升入凹陷提供了条件。

3) 程官营凹陷具有一定的封闭条件

良好的封闭条件使卤水不致外流，并有源源不断或间隙性的水源和物源补给，凹陷之间相互连通或时隔时通，卤水能互相补给等，这是碱类聚集的有利因素。

程官营凹陷南浅2井、3井都有暗色地层发育，且其中井深仅千余米，与凹陷可能深度相比太小，深部可能暗色层系更发育。袁1井见泥质白云岩，而白云岩常与碱矿共生。

程官营凹陷由北西和北东断裂控制，其断陷幅度较大，这是凹陷形成良好封闭的必要条件。

4) "等距成凹"与"等距成矿"的规律

程官营凹陷、泌阳凹陷、吴城盆地的基底性质和构造条件基本相同，它们的分布具有等距性，它们的成因可能类似。

与此相应，各凹陷沉积特征和成矿过程也可能基本相似，这就存在"等距成矿"的可能性。目前后两凹陷已发现安棚和吴城碱矿，根据"等距成矿"的规律预测程官营凹陷也有形成碱矿的可能。

(四) 襄城凹陷

1. 基本概况

襄城凹陷，位于河南省许昌地区襄城、郾城县境内。在区域地质构造单元上，属周口坳陷西部的一个次一级凹陷,东与谭庄凹陷相连,西为豫西隆起区,南以平顶山凸起与舞阳凹陷相隔,北起为临颍凸起,呈北西西向展布。东西长80km,南北宽14km,面积约1000km²。襄城凹陷,为一单式的古近纪沉积盆地。主要受南部的南缘大断裂所控制。断层南盘上升,北盘下降,因而盆地呈南断北超、南深北浅的簸箕形。接受较厚的古近纪沉积,古近纪沉积厚度7600m,新近纪及第四纪沉积厚度为2000m(图10-17)。

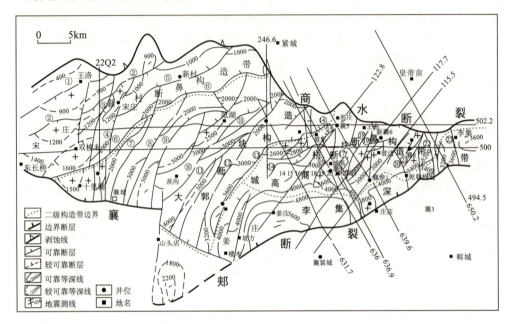

图10-17 襄城凹陷构造纲要图

1)襄城凹陷构造特征

襄城凹陷受襄郏和商水断裂控制,南断北超,为北西西向展布,凹陷内主要构造为断裂、背斜和断裂鼻状构造,且以断裂和断裂鼻状构造为主。襄郏断裂走向近东西向,于麦岭一带转为北西西向,长约80km,是控制襄城凹陷形成与沉积的南部边界生长断裂。其发生早,形成时期为玉皇顶组、大仓房组沉积初期,活动时间长,结束于新近纪,断距大,最大断距7000m。地震剖面上多呈上陡下缓的铲形。商水断裂是襄城凹陷南部边控断裂,在平面上横贯凹陷东西,该断裂形成时期为古近纪早期,结束于新近纪,在地震剖面上呈上陡下缓,并有弧形下凹的痕迹,对凹陷沉降和沉积起主要控制作用。

根据襄城凹陷的基底形态(图10-16),将整个凹陷划分为4个Ⅱ级构造带,自西向东,从南到北依次为:宋庄-新村断鼻构造带、十里铺-大郭断块构造带、城高-商桥断鼻断块构造带、姜庄-李集凹陷带。

(1)宋庄-新村断鼻构造带:位于凹陷西北部,面积约260km²。地层由北向南倾斜,被北东东(或北东)向断裂切割,平面上呈近于东西向长条状展布,带内断鼻、断块构造发育。

(2)十里铺-大郭断块构造带:位于凹陷的中西部,面积29km²。地层由西北向东南方向倾斜,被北东向断裂切割,呈北东向带状展布,带内断块构造较发育。

(3)城高-商桥断鼻断块构造带:位于凹陷的东北部,面积约180km²,地层由西北向东南方向倾斜,区内北西向和北东向断裂均相当发育,伴随断裂的发育,带内局部构造众多。

(4)姜庄-李集凹陷带：位于凹陷的南部，南缘以襄郏断裂为界与平顶山凸起相接，面积约140km^2。本区由洛岗、姜庄、李集3个向斜组成，整个凹陷带断裂不发育，构造单一，是油气源岩的主要沉积区。

2) 襄城凹陷地层特征

襄城凹陷内自下而上发育有古近系玉皇顶组、大仓房组、核桃园组、廖庄组和新近系上寺组与第四系。古近系最大沉积厚度均大于7000m。核桃园组发育深湖相的暗色泥岩，是寻找岩盐矿的目的层系。

2. 沉积特征及沉积环境

襄城凹陷核桃园组为一套陆相碎屑岩和化学沉积岩。陆相碎屑岩可分为砾岩类、砂岩和粉砂岩类及泥质岩类，化学沉积岩类包括膏盐和白云岩。沉积环境可分为辫状河流、扇三角洲、河流相和滨浅湖。

3. 沉积物源分析

根据沉积物岩矿特征、重矿物组合特征、砾岩砂岩百分含量变化、单井相分析及特殊地震相等综合分析，襄城凹陷物源不丰富，主要物源来源于西北部，南部也有近源物源供应。

1) 周边山系特点

古近系沉积前，华北地块南部历经印支及燕山运动，使古近纪前地层发生褶皱和断裂，形成一系列古复背斜和古复向斜。古复背斜在后期喜马拉雅运动作用下持续上升的背景下成为蚀源区，而复向斜在后期断裂作用下，形成众多湖盆，襄城凹陷即是其中的一列。古近系襄城凹陷沉积时不具备"高山深盆"的沉积环境，其西北部有豫西隆起，北部为临颍凸起，南邻平顶山凸起，但是，由于东部还有水道与谭庄凹陷相通，西部有临汝凹陷，其北隔临颍凸起可望巨陵凹陷。所以，其周缘存在多个聚水体，使襄城凹陷水体供应受到极大限制。

2) 砂岩组分特征

砂岩组分包括石英、长石和岩屑，3种颗粒相对含量反映其成分成熟度，也可判断物源方向和物源区岩石组成。襄城凹陷各井砂岩中石英平均含量都超过50%，有时达到80%以上，长石含量稳定在20%以下，显示成分成熟度相对较高的特点，根据襄参3井、襄参2井、襄4井、襄5井、襄6井砂岩的组分含量，显示出北部物源的特征。

3) 重矿物组合特征

襄城凹陷重矿物组合特征以高含量磁铁矿-赤褐铁矿-石榴石为特征，凹陷内各井重矿物以高含量的磁铁矿和含量较高石榴石为主要特征，稳定矿物组分含量自西向东增加，自凹陷边界向中心增加。

4. 无机地球化学特征与古水质

凹陷的构造、物源、湖盆开放程度、水介质等因素对凹陷的沉积环境具有明显的影响，其盐湖发育期、咸化程度、展布等均存在较大的差异。襄城凹陷封闭条件较差，在核三上段—核二段沉积时期为一硫酸盐湖，泥岩中氯离子含量大于0.1%，水介质条件为半咸水—咸水状态，只发育到膏盐沉积阶段。

5. 盆地演化史

襄城凹陷在新近纪经历了发生、发展、消亡的全过程，构成完整的沉积旋回，分3个发育阶段。

1)断陷填充阶段

大仓房组至核三段沉积初期,由于燕山运动晚期的构造运动,使凹陷的边界断裂开始活跃,沉积了一套以浅色粗碎屑为主的洪积河流相,其堆积速度快,厚度大,为典型的断陷充填时期产物。

2)湖盆发育阶段

核三段中晚期到核一段早中期,边界断裂继续活动,湖盆大幅度下沉,水体加深,面积增大,主要发育一套还原环境的以暗色泥岩和膏岩为主的巨厚湖相沉积。襄城凹陷核三段末期到核二段早期,湖盆封闭性较好,湖水蒸发量大于补给量,水体咸化,发育一套暗色泥岩夹膏岩沉积。到核二段中晚期,襄城凹陷水体开始淡化,为一套暗色泥岩夹少量薄层石膏沉积,此时襄城凹陷基本为正常湖盆碎屑岩沉积。

3)湖盆消亡阶段

核一段末期至廖庄组沉积期,凹陷由断陷沉降渐变为回返上升,湖盆进入萎缩消亡阶段,水体变浅,水域缩小,主要形成一套紫红、灰绿色泥岩夹含膏泥岩的半咸水-浅水滨浅湖相到河流泛滥平原相的沉积,廖庄组末期,凹陷整体抬升,遭受剥蚀,结束了新近纪沉积。新近系不整合在所有不同时代老地层之上。

6. 岩盐、天然碱分布范围

综上所述,由于襄城凹陷特殊的地质条件及盆地沉积演化阶段,膏盐沉积阶段是凹陷发育的最高阶段。根据目前的资料分析,尚未沉积岩盐、天然碱。

(五)黄口凹陷

1. 基本概况

黄口凹陷地处苏、鲁、豫、皖四省交界处,分属江苏丰县、山东单县、安徽砀山县、河南商丘、虞城等县市所辖,西起宁陵,东至徐州,东西长约140km,南北宽20~30km,面积约4000km^2。该凹陷是鲁西南隆起区最南的一个东西向中、新生代单断式盆地。西界以曹县断层与曹县凸起为界,东界为峄山断层,北以丰沛断层与鲁西南隆起的丰沛凸起相邻,南界以商丘断裂与太康隆起相接,南东方向超覆于淮北隆起上(图10-18)。

黄口凹陷基本构造线走向为近东西向,由西而东分为商丘次凹、虞城次凹、黄口次凹3个构造单元。商丘次凹属新生代双断地堑式负向构造,是该凹陷古近纪的沉积中心。

黄口凹陷目前只有完钻探井4口,新生代地层自下而上可划分为孔店组、沙河街组、馆陶组、明化镇组、平原组。

2. 沉积相特征

从已钻井的岩性组合、电性特征分析黄口凹陷有以下五种岩相:洪积相(冲积扇)、河流相(辫状河、曲流河)、滨浅湖相、半深湖相和盐湖相。

(1)洪积相:以砂岩、砾状砂岩为主,含量在40%以上,砾岩、砾状砂岩占27%,所夹泥质岩均为红色,质不纯,含砂砾。自然电位曲线呈峰状,仅在丰参1井沙三段—沙四段底部,上白垩统有此沉积相。

(2)河流相:

①辫状河:以砂岩为主夹红色泥质岩及少量砾状砂岩,含砾砂岩、砂质岩厚度大,黄3井孔

店组砂岩单层最大厚度46m。分选差,概率曲线为多段式(图10-19),无明显的拐点反映快速堆积,胶结物以泥质为主。砂岩自然电位曲线大部分为指状,有的为箱状,反映纵向上变化小,具有心滩特征(图10-20)。辫状河沉积在本区较发育。4口井的孔店组及沙三段至沙四段下部以辫状河沉积为主,平面上分布较广,黄口凹陷南部丰沛凸起伸入次凹内的隆起部分皆为此类沉积。

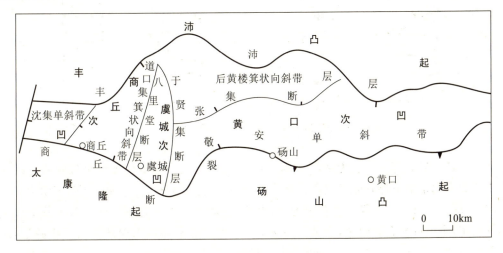

图10-18 黄口凹陷构造单元划分略图

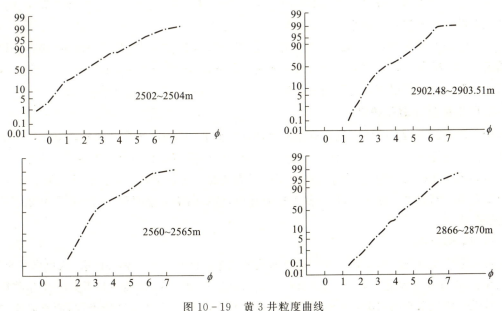

图10-19 黄3井粒度曲线

②曲流河:岩性组合以砂泥岩互层为主要特征,砂岩以细砂岩、粉砂岩为主,少量含砾砂岩。泥质岩全为红色,个别有灰色,砂岩的分选较好,泥质胶结为主,砂岩自然电位曲线呈指状、钟状,后者为边滩特征(图10-21),平面上分布于黄口凹陷中部偏南,北部丰沛凸起伸入凹陷的隆起上亦有分布。

(3)滨浅湖相:泥质岩为主夹少量粉、细砂岩,并有少许钙质泥岩、泥灰岩、泥质岩。颜色

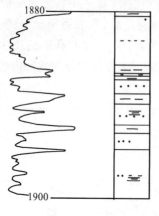

图 10-20 黄 3 井心滩电测曲线

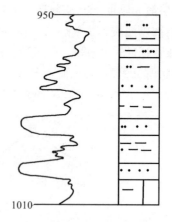

图 10-21 黄 3 井边滩电测曲线

红、灰间互，砂质岩以薄—中层为主，含钙质，多为钙质胶结、自然电位曲线呈尖峰状。仅在沙二段下部和下白垩统下部有此类沉积。平面上，分布在商丘次凹周围、黄口次凹东南部。

(4)半深湖相：以深灰、黑灰色泥岩为主，夹粉细砂岩，砂质岩含钙质。丰参 1 井下白垩统为半深湖相，本段砂岩含量较多，占地层厚度 34%，可能是本井位于深湖区又距物源近，这在箕状断陷陡侧普遍存在，丰参 1 井正处于丰沛断层下降盘近断层处。

下白垩统半深湖区分布于黄口次凹的北边丰沛断层下降盘一侧，古近系沙三段—沙四段可能只在继承性凹陷—后黄楼洼陷有分布。

(5)盐湖相：岩性为灰、深灰色泥岩、泥膏岩、石膏及少许油页岩、泥灰岩加少许粉细砂岩。砂质岩 10%，膏质岩 10% 以上。沙二段主要为此沉积，其平面分布在黄口凹陷的西部(凸起除外)及北部，其范围较以前任何时期的湖泊范围都大，已钻 4 口井皆位于该湖区。

3.新生代盆地演化阶段

中生代末、古近纪初，印度板块对亚洲大陆自南而北的碰撞，使太平洋板块对亚洲大陆改为北西向的碰撞，从而使中国东部、东北地区产生了一组强烈的北东向构造线——即早期喜马拉雅运动或华北运动，致使华北地区产生了一系列的北东向断层和由断层形成的断陷盆地，此时早期东西向断裂仍持续活动，但已降为次要地位，黄口凹陷在这两种力的作用下开始了第二个发展阶段。

1)凹陷形成期

古近纪早期喜马拉雅运动形成了黄口凹陷的北东向断裂——于贤集断裂、八里堂断裂、青固集断裂，这 3 条大型北东向断裂，将黄口凹陷切割成东西 4 块，从而黄口凹陷由中生代的南北差异活动变为东西向和南北向双重差异活动。北东向断层上升盘遭受剥蚀，而下降盘的商丘次凹、黄口次凹开始下沉，接受了 1000 多米沙河街组三段、四段河流沉积。商丘次凹东西紧邻两组北东向断层，该次凹处于两个断层的下降盘而成地堑，下沉幅度大，沉积厚度大。而黄口次凹紧邻于贤集断裂下降盘的刘集洼陷，厚度大于远离断层的东部地区，而此时东西向断裂亦继续活动，使得丰沛断裂下盘沉降快，厚度大，黄口凹陷沿两组不同方向断裂下降盘而发生，丰沛断裂下降盘与北东向断层下降盘重合处则为该期最大沉降区，即高韦庄洼陷和杨集洼陷，远离北东向断裂的后黄楼洼陷则主要受东西向丰沛断层控制，仍为一沉降较大区。

2) 凹陷发展期

中渐新世,由于华北运动Ⅰ期的影响,黄口凹陷沿始新世构造格局及运动机制进一步发展,差异升降持续进行,下降盘沉积范围扩大,可达青固集、虞城凸起上的部分地区,河流补给作用加强,由沙三段至沙四段河流相变为沙二段的盐湖相沉积,暗色泥岩与泥膏岩共生,说明湖盆振荡频繁,补给大于蒸发,蒸发大于补给交替进行,一般湖盆发展阶段皆有此特征。商丘凹陷黄2井最厚,向东减薄,靠近丰沛断裂的丰参1井最薄。于贤集断裂南端差异升降最大,从而在下降盘形成大厚度的沉降中心,沙二段厚达2000m,青固集断裂下降盘1600m,均较丰沛断裂下降盘的后黄楼洼陷厚,说明此期沉积主要受北东向断层控制,东西向断层控制作用已相对减弱。

3) 凹陷衰亡期

渐新世末期,华北运动Ⅲ期(喜马拉雅运动Ⅰ期)使华北地区大面积隆升,黄口凹陷亦不例外,逐步抬升,东部较西部抬升高,剥蚀多。丰参1井沙二段残余150余米,黄2井残余650余米,青固集与虞城凸起高部位古近系地层全被剥蚀,至此,黄口凹陷作为一个沉积盆地已结束了其沉积史。新近纪整个华北地区发生坳陷,大面积下沉,接受了超覆沉积,为另一发展阶段。此时,北东向断裂仍有影响,东部下沉幅度小于西部。丰参1井馆陶组底仅为248m,而黄2井则达1162m。

4. 预测的岩盐分布范围

商丘次凹受商丘断裂、青固集断裂、八里塘断裂控制的新生代双断地堑,东西宽约35km,南北宽约9.5~32km,面积约550km²。深9000多米,古近系厚5000m,埋深6000多米,近南北向的贾寨构造发育区将其一分为二,东为高韦庄洼陷,西为道口集洼陷。高韦庄洼陷主要受控于青固集断裂,为东高西低的箕状洼陷,面积约300km²,道口集洼陷为洼陷中心临近贾寨构造发育区的向斜构造,走向近东西,向西逐渐抬起,止于西倾的曹县断层,面积约250km²。黄2井位于盐湖相的边缘,沙二段石膏总厚达110.5m,推测在盐湖深部道口集洼陷和高韦庄洼陷分布有岩盐。

(六) 三门峡盆地

1. 基本概况

三门峡盆地位于河南省西部边缘,跨越豫、晋、陕3省,介于中条山与崤山、华山之间,西与汾渭盆地相邻,东与洛阳盆地相望。其总体呈东西向至北东向展布,长130km,宽20~30km,面积3100km²(含省外1600km²),中、新生界总厚约6000m,是燕山运动晚期形成的以古近系为主的中、新生代断陷盆地,主体呈地堑式(图10-22)。

三门峡盆地内部断裂发育,分割性强,横向变化大。受北北东向和近东西向两组断裂的控制,主体构造形态呈不对称的地堑式。其内部次级构造单元可划分为:东北部平陆凸起;中部芮城凹陷、中部低凸带、灵宝凹陷、五亩断阶;西部盘头凸起、潼关凹陷。

三门峡盆地新生界自下而上可划分为门里组、小安组、柳林河组和新近系、第四系。

2. 古近系沉积特征

1) 沉积完整,分布广泛,渐新统特别发育

三门峡盆地是在中生代长期隆起的基础上,自晚白垩世开始发生发展,古近纪时持续稳定

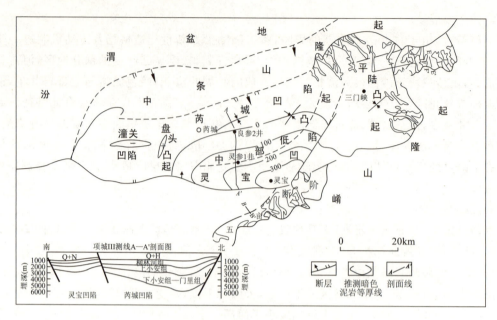

图 10-22 三门峡盆地位置及分区图

下沉,湖盆范围迅速扩大,新近纪盆地结束。盆地内的古近系,除有始新统和渐新统的分布外,可能有古新统的存在,沉积完整。盆地边缘地区,除有古近系露头分布外,据地震试验资料,已充分反映了盆地内部有古近系的存在,而且厚度大,在盆地内广泛分布。

三门峡盆地古近系发育,渐新统或者上始新统上部—渐新统的一套地层,即柳林河剖面的坡底组—柳林河组,特别发育,分布范围广,沉积厚度较大。盆地的东、南部边缘,渐新统的厚度就有2000m,其中与南襄盆地核桃园组和东濮凹陷沙河街组中上部(沙三段—沙一段)相当的坡底组—小安组,厚1300~1500m,深凹陷内一定会大大加厚,很可能与南阳凹陷、泌阳凹陷的厚度相等。

2)快速沉积,厚度大,发育还原沉积环境

三门峡盆地位于新华夏系第三隆折带与秦岭纬向构造带重叠部位的西北缘,是一个地堑式的断陷沉积盆地。在古近纪时,周围隆起上升剥蚀,盆地不断下降沉积,沉降速度大于沉积速度,特别是在渐新世的中早期,或晚始新世晚期—中渐新世时,断裂活动加剧,盆地强烈下沉,湖盆范围进一步扩大,湖水加深,渐新世晚期盆地才回返上升,古近系沉积厚度大,暗色泥质岩发育。盆地东南部边缘,古近系沉积厚度为2000~2500m,盆地内部西阎地区的地震试验资料,反映了古近系厚约4000m,推测深凹陷内的厚度有5000m。三门峡盆地的古近系厚度,比同时期发生发展的潭头盆地古近系厚度要大两倍,与南襄盆地的古近系厚度可能相等,但比东濮凹陷的古近系厚度要小。盆地东南部边缘的暗色泥质岩,总厚度100~500m,单层最大厚度有60m,向盆地内部变细变暗,深凹陷内的暗色泥质岩厚度,将大大增厚。三门峡盆地的快速下降、快速沉积,造成古近系的沉积厚度大,暗色泥质岩发育,此期处于还原环境。

3)纵向上具有明显的多旋回性

由于断块运动在时间上的不均匀性,古近系在纵向上具有明显的多旋回性。盆地东部边缘地区的古近系,由下往上划分为5个旋回层。

第一旋回层：由门里组下部组成。其下部为山麓河流相的红色砾岩、砂砾岩、砂岩及泥岩；中上部为浅湖相的红色泥岩夹少量灰绿色泥岩、粉砂岩，构成一个正旋回，边缘变粗；上部为红色细中粒砂岩，组成几个正韵律层。本旋回层仍为正旋回层，但具有完整旋回的性质。

第二旋回层：由门里组上部组成。其下部为河流浅湖相的红色砂砾岩、砂岩和泥岩；中上部为浅湖相的红色、灰绿色泥岩夹灰绿色细砂岩和灰白色泥灰岩、泥质白云岩及层状网状石膏，构成一个正旋回层。边缘变红变粗，上部为红色细粒砂岩块，少量红色泥岩，仍为正旋回层。

第三旋回层：由坡底组组成。下部为河流相的红色砾岩、砂砾岩、含砾砂岩和砂质泥岩；上部为浅湖相的红色、灰绿色泥岩夹泥灰岩、泥质白云岩、砂岩及层状网状石膏，构成一个正旋回层。

第四旋回层：由小安组组成，属于浅湖相沉积。下部为红色灰绿色砂岩泥岩互层，夹有层状网状的石膏；中上部为灰绿色、灰色、红色泥岩夹泥灰岩、灰岩及灰色、灰绿色砂岩和黑褐色油页岩；顶部为灰绿色浅灰色红色砂、泥岩互层，夹有薄层泥灰岩。其构成一个正旋回层，但与上覆旋回层之间，具有明显的过渡段。

第五旋回层：由柳林河组组成。下部为灰色砾岩夹红色粗砂岩；上部为灰褐色砾岩与同色粗砂岩、含砾砂岩互层，为一套河流相为主的沉积，但出露不全。邻近盆地同时期沉积的一套地层，其底部为巨厚砾岩层，下部为砂砾岩和含砾砂岩，中部为砂岩与泥岩互层，上部为泥岩夹砂岩(有的夹有泥灰岩)，属于河流相-河湖相-浅湖相的沉积。柳林河组也应有一套相类似的沉积，构成一个较完整的正旋回层。

3. 沉积盆地演化史

燕山运动以前，三门峡盆地及其周边地区属于华北地台的南缘，中生代时期地台解体，本区上升隆起，遭受剥蚀和夷平。燕山晚期，在石炭纪、二叠纪或震旦纪基底上开始构造运动加剧，张性断块活动，盆地随之产生。白垩纪至始新世早、中期，属发生充填阶段，沉积范围广，厚度大。渐新世晚期盆地回返上升，进入萎缩衰亡阶段，柳林河组沉积后，遭受不同程度的剥蚀。新近纪开始，盆地再次下沉，沉积了新近系和第四系。

4. 找盐远景分析

三门峡盆地目前划分为灵宝凹陷、潼关凹陷、交口凹陷和五亩凹陷，各凹陷内均发育有不同程度的深凹陷。灵宝凹陷含岩盐远景最有利。它具以下的有利条件。

(1)灵宝凹陷位于盆地东南部，北隔中央低凸起与芮城凹陷相邻，南与五亩断阶带相邻，面积$350 km^2$，构造上为单断箕状断陷。该凹陷在重力上为低值区，受边界断层控制较为明显，地震资料显示新近系和第四系厚1400m，古近系厚度大于4000m，其中的始新统和古新统厚约3000m，与泌阳凹陷的地震资料近似。

(2)深洼陷面积较大、沉降深、厚度大，是长期继承性发育的深洼陷，深湖相沉积体系发育，凹陷边缘发育有石膏层(灵参1井见石膏)，分布较为广泛，推测在湖中央可能有岩盐分布。

(3)凹陷北部为中央低凸起，东部为平陆凸起，南部边界为断层控制，封闭性好。建议在凹陷深部部署探井一口。

(七)鹿邑凹陷

1. 基本概况

鹿邑凹陷属新生代断陷盆地，位于河南省东部太康隆起和郸城突起之间，面积约

$2000km^2$。构造上,盆地总体特征与我国东部新生代断陷基本相同,主要受北东向郸城断裂的控制,南深北浅呈单断箕状断陷,断陷最大沉降深度达6500m(图10-23)。

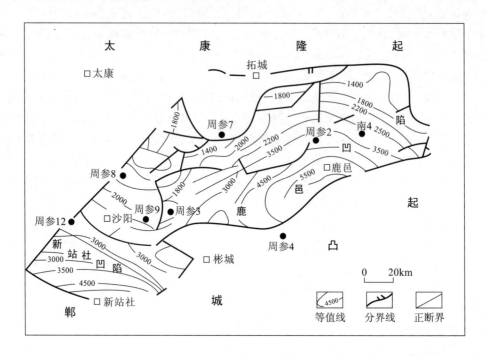

图10-23 鹿邑凹陷构造纲要图

2. 勘探现状

鹿邑凹陷总体而言勘探和研究程度相对较低。自20世纪80年代开始勘探以来,先后在凹陷边缘及其周围地区共钻探10口井,地震测线达到4km×4km,大都是油田部门为寻找油气而进行的工作,由于该凹陷缺乏油气显示,到目前为止尚无一本较为系统的研究和评价报告。

3. 鹿邑凹陷地层的建立

根据鹿邑凹陷钻井揭示的地层构成及其在剖面上的层位标定,在地震剖面上显示较为清楚的新生代地层有古近系和新近系,其中古近系可进一步分为玉皇顶组、大仓房组、核桃园组、廖庄组。

根据地震反射界面,玉皇顶组和大仓房组横向变化稳定,盆地广泛分布;核桃园组横向变化稳定,盆地内可连续追踪;廖庄组分布较为局限,凹陷内呈楔状分布。

4. 鹿邑凹陷地震相与湖盆范围的确定

鹿邑凹陷有3种主要地震相类型:①中-次强振幅微波状变形地震反射相,主要位于凹陷南边,郸城陡倾断层下降盘一侧,向盆地内部延伸不远过渡为连续平行地震反射相。该类地震反射相剖面呈楔形或帚状,主要为冲积扇或扇三角洲沉积体系。②中振幅平行连续状地震反射相,主要位于盆地中心区域,平面上可连续追踪,分布范围相对较广,推测为滨浅湖-深湖相沉积环境。③中振幅平行-亚平行断续连续地震反射相,主要位于盆地北部和东部区域,环绕湖盆中心以外的湖盆边缘地区分布,推测为泛滥平原相沉积环境(图10-24)。

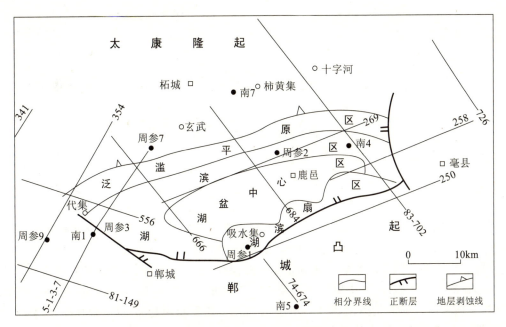

图 10-24 鹿邑凹陷沉积环境分布范围图（核三段）

5. 鹿邑凹陷岩盐、天然碱找矿前景分析

从图 10-23 中可以看出，核三段分布范围明显比原先所确定的凹陷范围大，盆地边界向南延伸到周参 4 井以南地区。

通过对古近系反射面（玉皇顶组—大仓房组底界），按 4km×4km 剖面密度追踪，并选取周口坳陷时深转换关系换算深度，重新确定古近系底埋深分布范围，古近系底埋深大于 5000m，分布面积约 400km²。从图 10-23 中可以看出，盆地沉降和沉积中心基本保持一致，主要受郸城断层活动控制，与郸城断层平行展布。古近系底最大埋深达 6500m（位于吸水集北东约 5km）。

设想在 6500m 埋深范围内减去 2000m 玉皇顶组—大仓房组紫红色泥岩，则核三段底仍达到 4500m 深度；减去 2500m 的上覆地层，则可以推测核桃园组湖相地层埋深范围在 2500～4500m 之间。鹿邑凹陷与已勘探新生代断陷盆地类比，盆地沉降中心与沉积中心一致，推测岩盐、天然碱分布在湖盆中心区，需要通过钻井落实凹陷中心区的地层发育情况。建议在周参 4 井与周参 2 井之间凹陷中心区部署一口探井，以便落实鹿邑凹陷地层的发育程度和盐、碱分布范围。

第十一章 河南省新生代沉积盆地钾盐找矿前景研究

钾盐，成分为 KCl，常含溴、铷、锂和铯，易溶于水，味咸而苦涩。钾盐矿床是可溶性含钾矿物和卤水的总称，是含钾水体经过蒸发浓缩、沉积形成。可溶性固体钾盐矿床包括钾石盐、光卤石、杂卤石等和含钾卤水。钾盐矿主要用于制造钾肥。主要产品有氯化钾和硫酸钾，是农业不可缺少的三大肥料之一，只有少量产品作为化工原料，应用在工业方面。

中国已探明钾盐储量的矿区主要分布在青海、云南、山东、新疆、甘肃和四川等省区。青海省柴达木盆地察尔汗盐湖，是中国含钾盐湖卤水资源非常丰富的地区，在5800多平方千米的面积内，蕴藏着巨量的氯化钾；近年来发现并评价的新疆罗布泊盐湖，已经规模生产，称为我国第二大钾肥生产基地。云南省思茅地区勐野井钾石盐矿，是中国于1963年发现的第一个陆相古代固体钾盐矿床。目前，我国已查明钾盐资源储量不大，尚难满足农业对钾肥的需求。因此，钾盐矿被国家列入急缺矿种之一。

第一节 钾盐成矿条件分析

一、成矿时代

已知世界从古生代到现代都有蒸发岩沉积，最老的钾盐产于寒武纪，泥盆纪、石炭纪、二叠纪、三叠纪、侏罗纪、白垩纪、古近纪、新近纪以及第四纪各个地质时代均有钾盐矿床形成。我国钾盐成矿时代主要为第四纪、白垩纪和三叠纪。已知的云南勐野井白垩纪钾盐矿床，该矿地处藏滇印支地槽褶皱带，位于兰坪-思茅盆地的东南部，是白垩纪成盐期的产物。察尔汗盐湖钾镁盐矿床，是一个现代内陆盐湖，形成于晚更新世—全新世的成盐期。

二、钾盐盆地的形成

钾盐的沉积一般在盐类矿物的后期，但盐类沉积的盆地到钾盐沉积阶段已发生变化。这时卤水浓缩很大，体积已浓缩到原水体的 1‰～1.5‰，原来的盆地已为早先沉积的石盐基本填满，残余卤水则大部分渗入早期沉积的固相岩中，成为晶间卤水。钾盐盆地除少数形成于原来石盐盆地外，大多数则需重新形成，残余卤水及晶间卤水再汇入这个盆地中，蒸发形成钾盐矿床。

三、钾物质来源

作为海相盐化的钾物质来源，是大洋水蒸发结晶后期阶段的产物。内陆盐湖的钾来源于残留卤水、结晶岩、火山活动、古钾盐矿床及油田水和深层地下卤水。

四、沉积阶段

首先,成盐成钾卤水在正常封闭的盆地中,蒸发作用使盐类物质按溶解度而先后沉积。剖面上成为一个旋回性构造,钾盐分布在中上部和顶部;平面上则由盆地边缘到中心,按溶解度从小到大排列:碳酸盐→硫酸盐→石盐→钾盐。

其次,在钾盐盆地中,尤其内陆盆地,卤水迁移对富集钾盐十分有利,因为当卤水迁移时较不易溶的一些盐类先后在迁移途中沉淀,给剩下易溶的钾镁盐沉淀创造了条件。如察尔汗现代钾盐湖,卤水迁移过程中,湖周围就有较多可溶盐类沉积,它们主要是碳酸盐、硫酸盐、氯化钠,并按溶解度由小到大有规律地分散于迁移途中,最后剩下的卤水钾镁含量很高,给形成钾盐矿床创造了有利条件。

最后,当石盐晶间或层间的卤水回流入钾盐盆地时,其运移过程中晶间卤水或层间卤水便可选择性溶解石盐岩中的钾镁盐或浸染状的钾盐,使卤水变富。如在青海现代钾盐湖中,在湖水水位较高,也是盆内卤水浓度较淡的时候,卤水渗入到石盐岩中,对其中的钾镁盐进行选择性溶解,由于蒸发作用湖水位下降使晶间卤水回流入低凹处,这种回流的卤水很快便形成光卤石,说明经过这个过程卤水富集了钾镁盐。

五、与构造的密切关系

钾盐沉积在岩盐盆地中不大的又不断下沉的低洼处,其周围是岩盐岸的特殊湖泊,集中了来自周围岩盐沉积的晶间卤水和湖卤水。所以,分布在岩盐盆地中的钾盐往往只在其中的部分面积内,是坳陷最强的盐盆地的局部地区。

第二节 国内典型矿床

一、矿床类型

可溶性钾盐矿床分类有以下几种分法。

(1)按成矿时代划分,可分为第四纪以前形成的古代钾盐矿床(包括中新生代陆相碎屑岩型钾盐矿床)和第四纪形成的现代钾盐矿床(盐湖型钾盐矿床)。

(2)按赋存状态可分为固体层状矿床和液体矿床。

(3)按矿石化学组成划分可分为:①氯化物型矿床。察尔汗盐湖钾镁盐矿床和勐野井钾盐矿床均属此类型。②硫酸盐型。大浪滩钾盐矿床属此类型。③混合型矿床。既有氯化物又有硫酸盐的矿床。④硝酸盐型。新疆鄯善地区的钾硝石矿属此类型。

(4)按矿床成因分类:可分为海相成因、陆相成因和深层卤水补给3种类型。

二、典型矿床

(一)云南江城勐野井钾盐矿床

勐野井钾盐矿床系古代固体钾盐矿床。氯化物型陆相沉积。物质来源也有深成卤水沿深大断裂补给的可能。含矿层为古近系勐野井组。

矿区出露地层,自下而上有:中白垩统(K_2)、上白垩统(K_3)、古近系(E)、新近系(N)。

古近系自下而上划分为勐野井组、等黑组和勐腊组。勐野井组（古新统 E_1m）下段为主含盐层，地表为棕红色、杂色泥砾岩，夹少量泥质粉砂岩、粉砂岩；深部为各种类型的石盐岩夹粉砂岩、钾盐岩，厚 9~682m；上部为棕红色泥岩、粉砂岩，普遍含石膏，厚 10~224m。等黑组（始新统—渐新统 $E_{2-3}d$）以紫红色粉砂岩、泥岩为主，厚 169m。勐腊组（渐新统 E_3m^1）为红色砾岩、砂砾岩，夹砂岩、粉砂岩，厚 529~1592m。

矿区主体为一个四周被断层围限的轴向北西的向斜构造，延长约 10km，宽 4km。两翼地层倾角 30°~40°。由于后期构造和风化剥蚀残存的勐野井组分布面积仅 10km²，盐体位于矿区中部次级背斜内，残存面积 3.2km²，中央最厚达 411m，向四周变薄尖灭，西北侧为断层 F_3 所限，因断距大，盐体突然消失。全区石盐层平均厚度 196.4m，含 NaCl 平均 71.67%，区内见盐深度最浅 26m，最深 901m，盐层表生淋滤带深度一般 26~60m。

钾盐分布于石盐层中，界线不清，分布面积 2.8km²，占石盐分布面积的 80%。全区有 10 个钾盐矿层，每个钾矿带含 1~5 个钾矿体。累计厚度 2~81m，平均厚 30m。钾矿层 KCl 品位一般 5%~10%，全区平均 8.81%，含 NaCl 62.14%，水不溶物 23.35%；石盐钾盐矿层含 KCl 2.62%，NaCl 70.64%，水不溶物 22.95%。钾盐层多在石盐层中分段富集成群，并多富集于厚度大、品位高、夹石少的盐层中上部。

钾盐矿石有青灰色钾盐岩（占 38.45%）、灰绿色泥砾质钾盐岩（占 44.33%）及棕红色或杂色泥砾钾盐岩（占 17.22%）。主要矿石矿物为石盐、钾石盐、光卤石、钾镁盐，其他非盐类矿物有自生石英、黄铁矿、镜铁矿等。

该矿品位低、质量差，大规模开采尚有困难。

（二）青海察尔汗盐湖钾镁矿床

察尔汗盐湖是目前已探明的几大内陆盐湖之一。盐湖东西长近 200km，南北宽 30km，海拔 2670~3000m。北部被祁连山系及其余脉环绕，南、东为昆仑山系，均是古老变质岩系及早古生代地层。远离山前至盐湖地层由中、下更新统的沉积物、洪积、冲积的砂砾岩、粉细砂和黏土等组成。

湖区是典型的高原干旱气候，年平均气温为 0~1.4℃，年蒸发量大于降水量 100 多倍。湖区外围多处分布有早中更新世湖相地层（Q_{1+2}），证明第四纪早期是柴达木古湖的一部分。

察尔汗盐湖地表为干盐滩所覆盖，仅在干旱滩边缘分布着大小不等的 9 个卤水湖泊。其中达布逊湖面积最大，还在沉积光卤石，其他湖泊主要沉积石盐。干盐滩之下是结构松散的多孔石盐（孔隙度 25%~27%），孔隙间充满晶间卤水，潜水位 0.05~1.5m。从全区来看，达布逊湖水位是最低的，因此晶间卤水总是缓慢地流动补给。晶间卤水面以下普遍有光卤石、钾石盐等钾盐矿物。湖的南岸受格尔木河三角洲的影响，粉砂、亚黏土沉积物和部分细碎屑层，伸入干盐滩内，与石盐层构成相间的沉积韵律，反映成盐期内湖区气候以干旱为主，但也有间断的潮湿气候变化。

经勘察和研究发现，5800km² 的干盐滩是多期逐次形成的。盐湖浓缩的早期，卤水湖泊面积大，干盐滩只是在湖北部边缘出现，随着湖水面积向南收缩，干盐滩从北向南逐步扩展，覆盖了湖区的大部分。

整个湖区按构造、石盐层分布等特点划分为 4 个区段，自西向东为：别勒滩区段（300 勘探线以西）、达布逊区段（300~176 线）、察尔汗区段（176~296 线）和霍布逊区段（296 线以东）。

第四系地层与岩性特征,自下而上简述如下。

1. 中、下更新统(Q_{1+2})

以绿灰、红棕色砂质黏土层为主,夹浅色粉砂岩、黏土层和碳质条带。层厚1211m。

2. 上更新统(Q_3)

1)下部含盐组

下部湖积层(Q_3^{1l}):以黄灰、深灰和绿灰色含石膏、石盐的细砂、粉砂为主。本层边缘厚10m,中部仅1~2m。

下部石盐层(Q_3^{1s}):以深灰、褐灰色含石膏、泥沙的石盐为主,中部石盐较纯,边部石膏、泥沙增多。石盐层呈薄层状、条带状。下盐层最厚可达30.20m,一般8~22m。别勒滩区段出现K1钾盐层。

2)中部含盐组

在别勒滩和达布逊区段内,由两个湖积层和两个盐层的韵律组成。

Q_3^{2-1l}:以土黄色含石盐粉细砂为主,局部含石膏,察尔汗区段则以粉砂和石盐的薄互层出现,厚1~7m。

Q_3^{2-1s}:以黄褐色和黄白色相间的含泥沙、石膏的石盐层为主,夹有薄层粉砂,厚2~4m。

Q_3^{2-2l}:以含石膏、石盐的粉砂为主,局部夹石膏、石盐的小透镜体,厚2~4m。

Q_3^{2-2s}:岩性与Q_3^{2-1l}相同,石盐多以薄层状或条带状产出,胶结不紧密,厚10~20m。最大厚度29.30m。在达布逊区段出现K2钾盐层。

3. 全新统(Q_4)

上部湖积层(Q_4^{3l}):以浅黄色、灰黑色含石盐、石膏的粉砂、细砂为主,北部较粗向南变细并局部夹石盐、石膏透镜体。厚度变化大,边缘厚17m,向中部变薄,为1m左右。在别勒滩区段局部出现K3钾盐,但分布范围不大。

上部石盐层(Q_4^{3s}):以黄色、灰黄、黄褐色含泥沙、石膏的石盐层为主,夹有薄层粉砂,松散胶结。除霍布逊湖区段外,普遍具有K4~K7的钾盐层。本层最厚30m,一般厚8~21m。

盐湖含盐层在4个区段分布是不同的。下部石盐层(Q_3^{1s})由西向东变薄并尖灭,中部石盐层(Q_3^{2-1s}、Q_3^{2-2s})的沉积中心位于达布逊区段,上部石盐层(Q_4^{3s})分布范围最大(5200km),沉积中心仍位于达布逊区段。盐层的空间分布,从Q_3^{1s}~Q_4^{3s}说明察尔汗盐湖由晚更新世到全新世成盐作用增强,大量钾盐层出现于Q_4^{3s}盐层,表明盐湖已发展到晚期阶段。下部含盐组的石盐层(Q_3^{1s})胶结紧密,中、上含盐组盐层较松散,富含晶间卤水。

根据钾盐的赋存状态,盐湖钾资源包括固体钾盐沉积层和卤水钾矿。前者KCl含量大于2%,包括K1~K7和达布逊湖新生光卤石沉积层;卤水钾矿包括表面卤水和晶间卤水钾矿。

1)固体钾盐沉积层

(1)K1~K7钾盐层钾盐层的主体为含浸染状光卤石的石盐层,分布范围广泛,特别是Q_4^{3s}盐层中几乎遍及别勒滩、达布逊、察尔汗3个区段,与不含光卤石的石盐层之间无明显的界限。仅按KCl含量大于2%来划分,大致可圈出K1~K7七个含光卤石的石盐层。光卤石呈半自形晶,粒径0.3~1cm,光卤石含量不等,一般为5%~10%,石盐达80%以上,含有少量石膏、粉砂和淤泥等。

(2)达布逊湖现代光卤石沉积层察尔汗盐湖区内,除南、北霍布逊湖外,其余各湖都有不同规模的新生光卤石层出现,其中达布逊湖北岸规模最大。以 1966 年为例,8 月以前,光卤石大量沉积于北部湖滨带,长约 32km,宽一般为 1~2km,最宽 3.2km,最大厚度 0.59m,西薄东厚。KCl 含量 17.98%,一般在 10% 左右。

2) 卤水钾矿

(1) 地表卤水。以达布逊湖为例,1958 年 11 月测量,面积为 354.67km^2,1966 年 8 月再度测量,湖域面积缩小为 184km^2。湖区面积随气候变化,湖水的 KCl 含量也随之有明显的不同。同一季节,湖区不同部位含盐量和含钾量也有差异,表现为南北方向有分带性,远离格尔木河口的北岸含盐量和含钾量高。

(2) 晶间卤水。钾矿在表层盐壳之下,从距地表 0.05~0.5m 左右到 Q_3^{1s} 均充满卤水。各石盐层之间为细碎屑层所隔。含钾晶间卤水主要赋存于 Q_3^{2s} 和 Q_4^{2s} 内,矿化度一般为 310~400g/L。主要组分为 K^+、Na^+、Mg^{2+}、Cl^-。

晶间卤水在垂直方向上的变化,总的趋势是 KCl 含量由上向下变低,矿化度则向下增大。也有局部出现反常的,同一盐层的上部和下部浓缩中心往往不一致。

晶间卤水是察尔汗盐湖钾盐矿床的主要开采对象,含钾高,储量大。第 Ⅰ 含水层和第 Ⅱ 含水层,卤水量约 $214 \times 10^8 m^3$。

察尔汗盐湖不仅是我国目前已探明储量最大的钾盐矿床,而且也是特大型石盐矿床和大型 $MgCl_2$ 矿床。此外,卤水中含有 Li、B、Br、I、Rb、Cs 等有益元素,具有很大的综合利用价值。

(三) 河南省泌阳凹陷钾盐成矿条件分析

泌阳凹陷是一个陆相蒸发岩凹陷,由于泌 2 井碱卤水含钾量较高,并在对其进行工业利用可行性加工试验时成功地制出了 KCl 产品,固体碱层中也有一定钾显示,以下从几个方面对本区钾盐的成矿条件进行分析。

1. 区域地质背景(周缘古隆起区岩石含钾性)

泌阳凹陷东及东南部古隆起区岩层(石)是钾质的主要来源地(表 11-1)。

表 11-1 泌阳凹陷周缘(东、南部)岩层(石) K_2O 含量表

岩层(石)名称		K_2O
超基性岩		一般>1,为 1~4.58,最高 2.84
变质基性岩		1~1.6
变质岩		一般>1,为 1~4.58,最高 5.85
混合岩		1.03~6.86,个别 8.34
变质火山岩		0.18~2.64
侵入岩	$\eta\gamma_5^{3-2}$	3.3~5.8,个别 12.5(绢云母化正长岩)
	γ_5^{3-1}、γ_5^{2-2}	
	$\eta\gamma_5^{2-1}$、γ_2^2	
熔岩、凝灰岩		1.34~5.34
细碧角斑岩系		0.18~2.76,个别 4.04 和 5.29

注:根据河南省地质局区测队 1964 年资料。

由表 11-1 可知，各类岩层（石）普遍含钾，其中以各期酸性和碱性侵入岩最富钾，变质岩、混合岩、熔岩及凝灰岩次之。它们经雨水淋蚀和风化作用成为溶质被地表或地下径流带入湖盆。

2. 盆地含碱岩系含钾性

含碱岩系碱矿石、碱卤水和岩石的含钾性见表 11-2～表 11-6，分析这些资料可明显地看出以下特点：

（1）固体碱层中钾含量低（含 K^+ 为 0.008%～0.056%）或不含钾（表 9-2 中安 1 井的一个分析结果为 1‰及安 3 井全分析结果为 3631.69mg/L，系未复查结果，偏高供参考）。

表 11-2　安棚碱矿固体碱矿石化学分析结果表简项分析结果

钻井号	井深(m)	矿层厚度(m)	分析结果(%)										备注
			CO_3^{2-}	HCO_3^-	Na_2CO_3	Cl^-	SO_4^{2-}	K^+	Na^+	Ca^{2+}	Mg^{2+}	H_2O	水不溶物	SO_3	
安1	1349.86～1350.01	0.15	4.20	47.94	49.07	0.21	0.0003	0.00	21.13	0.02	0.01	8.97	24.63	1.14	地调四队分析
	1352.71～1353.21	0.50	2.58	46.49	44.94	0.21	0.38	1.00	17.81	0.07	0.01	12.23	30.09		
	1353.94～1354.04	0.10	7.32	58.83	64.03	0.21	0.0002	0.00	25.88	0.03	0.01	11.91	3.03	0.11	
	1541.62～1541.79	0.17	1.02	53.02	47.86	0.32	0.0001	0.00	19.50	0.01	0.02	10.29	25.13	2.25	
安3	2333.78～2334.66	0.88	16.77	37.77	62.43	0.21	0.06	0.56	27.50	0.10	0.01	0.52	18.46		
	2334.84～2335.86	1.02	17.25	37.77	62.46	0.21	0.06	0.032	27.20	0.01	0.01	1.19	17.05		
	2336.49～2336.87	0.55	8.55	46.49	55.45	0.21	0.06	0.023	22.90	0.01	0.01	0.02	21.62		
	2336.97～2337.25	0.28	2.01	62.47	57.81	0.21	0.06	0.008	23.40	0.09	0.01	7.51	11.54		

表 11-3　安棚碱矿固体碱矿石化学分析结果表

钻井号	井深(m)	矿层厚度(m)	分析结果(mg/L)												备注
			CO_3^{2-}	HCO_3^-	Cl^-	SO_4^{2-}	K^+	Na^+	Ca^{2+}	Mg^{2+}	NH_4^+	Li^+	Rb^+	CS^+	
安3	2334.84～2335.86	1.02	21 400	25 100	210	5220	3631.69	247 600	8576.40	5668.20	9.50	14.52	20	0	广东第九实验室分析

表 11-4　安棚碱矿碱卤水化学分析结果表

样品/项目	泌2井碱卤水（层位:2055～2062m，2080～2086m）	泌69井碱卤水（层位:1307～1314m）	注入泌2井的地表淡水	柴达木盆地盐湖卤水(mg/L)			藏北高原盐湖卤水(mg/L)		
				最大值	最小值	平均值	最大值	最小值	平均值
总碱度	122.46g/L								
CO_3^{2-}	18 640mg/L	22 580mg/L							
HCO_3^-	103 100mg/L	45 900mg/L							
pH	8.5～9	9.17							
Cl^-	800mg/L	1048mg/L							
SO_4^{2-}	212mg/L	588mg/L							

续表 11-4

样品/项目	泌2井碱卤水(层位:2055~2062m,2080~2086m)	泌69井碱卤水(层位:1307~1314m)	注入泌2井的地表淡水	柴达木盆地盐湖卤水(mg/L)			藏北高原盐湖卤水(mg/L)		
				最大值	最小值	平均值	最大值	最小值	平均值
NO_3^-	0.16mg/L	812mg/L							
Br^-	4.8mg/L	3.38mg/L							
I^-	1.64mg/L	2.1mg/L							
NH_4^+	387mg/L	12.8mg/L							
K^+	738mg/L	275.6mg/L							
Na^+	53 970mg/L	34 280mg/L							
Cs	0.1mg/L	0.0mg/L							
Rb	6.4mg/L	3.38mg/L							
Mo	0mg/L	0.5mg/L							
SiO_2	122.4mg/L	0.0mg/L	Si13.0mg/L				Si11.6	Si0.0	Si3.6
Fe	6.94mg/L	3.4mg/L	<1mg/L	0.56	0.02	0.2	0.85	0.039	0.188
Ca	0.46mg/L	5.76mg/L	15.1mg/L	92470	—	6518.7	1156	0	158.7
Mg	1.6mg/L	0.96mg/L	10mg/L	113 855	417	38 987.01	20 095	5.1	4658
Li	10.08mg/L	7.12mg/L	<0.01mg/L	262	1.8	56.08	2900	0	32.04
Ba	3.6mg/L	5.86mg/L	0.02mg/L	—	—	3			
Sr	0.0mg/L	1.7mg/L	0.08mg/L	378	<1	69.99			
Nb	2.68mg/L	28.9mg/L	6.2mg/L						
Ta	16.2mg/L	16.6mg/L	3.7mg/L						
Ti	1.5mg/L	0.5mg/L	<0.01mg/L	0.048	0.001	0.0093	0.02	0.002	0.006
Mn	0.22mg/L	0.3mg/L	0.7μg/L	0.4	0.004	0.1136	0.153	0.002	0.0328
Co	0.00mg/L	1.64mg/L	<0.4μg/L						
Cr	0.024mg/L	0.058mg/L	1.3μg/L	0.5	0.002	0.021	0.034	0.004	0.0166
Cu	0.0mg/L	0.21mg/L	1.6μg/L	0.04	—	0.023	0.13	0.0018	0.0243
Ni	0.0mg/L	1.82mg/L	<2.4μg/L	0.06	0.004	0.0116	0.07	0.003	0.0101
Pb	0.0mg/L	3.34mg/L	<4.0μg/L	0.24	0.001	0.032			
Zn	0.7mg/L	0.66mg/L	<2.0μg/L	3.84	0.24	1.95	0.15	0.0003	
V	6.3μg/L	8μg/L	1.9μg/L	0.012	0.001	0.004	0.018	0.002	0.006
Zr	607μg/L	11886μg/L	<0.5μg/L						
B	227.5mg/L	559.88mg/L	8.55mg/L	1253.18	26.79	209.46	1439.2	31.7	541.8
F	432mg/L	430mg/L	0.52mg/L	22.2	1.49	10.05	441.85	10.67	112.9
Ag	<0.01mg/L	0.25mg/L	0.005mg/L	>0.04	0.006	0.027	0.067	0.0002	0.0085
硫化物	3.4mg/L	2.46mg/L							
U	0.328mg/L	0.05mg/L							
Th	0.2mg/L	0.17mg/L							

注:泌2井和泌69井碱卤水、淡水由地质矿产部岩矿测试研究所分析。

表 11-5 安 1 井含碱岩系岩石化学分析结果表

钻井号	取样位置 井深(m)	岩性	水溶部分(%)						酸溶部分							矿物配矿计算				
			CO_3^{2-}	HCO_3^-	Na	K	Ca(%)	Mg(%)	Mg/Ca	酸溶物(%)	CO_3^{2-}	Sr ($\times 10^{-6}$)	Ba ($\times 10^{-6}$)	Sr/Ba	白云石(分子数)	方解石(分子数)	白云石/(白云石+方解石)(%)	剩CO_3^{2-}(离子数)	剩Ca^{2+}(离子数)	剩Mg^{2+}(离子数)
安 1 井	1239.27	白云质泥岩	0.06	0.32	0.11	0.04	5.78	2.35	0.407	37.67	14.659	370	245	1.51	0.097	0.048	66.896	0.02		
	1260.4	白云质泥岩	0.07	0.41	0.16	0.09	7.38	2.32	0.314	45.53	19.101	370	179	2.067	0.095	0.09	51.351	0.11		
	1281.25	白云质泥岩	0.1	0.39	0.19	0.13	8.5	2.28	0.268	45.05	16.673	580	260	2.231	0.094	0.09	51.087		0.029	
	1290.39	油页岩	0	—	0.1	0.022	18.72	1.27	0.0678	—	28.05	—	—	—	0.052	0.362	14.365		0.053	
	1296.28	白云质泥岩	0.12	0.31	0.2	0.15	5.68	2.22	0.391	37.09	14.021	440	392	1.122	0.092	0.05	64.789		0.092	
	1330	白云质泥岩	0.07	0.37	0.15	0.08	8.01	2.25	0.281	42.94	16.061	540	275	1.964	0.093	0.082	53.143		0.118	
	1341.7	白云质泥岩	0.13	0.42	0.11	0.04	7.49	2.93	0.391	48.9	19.886	520	160	3.25	0.121	0.089	57.619		0.098	
	1362.75	白云质泥岩	0.3	0.56	0.31	0.12	7.92	2.57	0.324	46.55	27.841	420	129	3.256	0.106	0.092	53.535	0.16		
	1381.05	白云质泥岩	0.13	0.49	0.18	0.1	7.66	3.08	0.402	48.6	19.727	710	498	1.426	0.127	0.065	69.196	0.01		
	1401.57	白云质泥岩	0.16	0.39	0.19	0.1	7.05	2.62	0.372	48.57	18.128	430	147	2.925	0.108	0.068	61.364	0.018		
	1438.76	白云质泥岩	0.07	0.26	0.14	0.08	7.45	2.69	0.361	48.44	17.632	510	239	2.134	0.111	0.072	60.656		0.003	
	1479.83	白云质泥岩	0.07	0.36	0.16	0.14	5.28	2.23	0.422	40.4	13.089	340	237	1.435	0.092	0.034	73.016		0.006	
	1520.03	白云岩	0.11	0.34	0.11	0.02	6.43	2.35	0.365	63.27	17.45	420	158	2.658	0.097	0.064	60.248	0.033		
	1539.13	白云岩	0.15	0.48	0.27	0.08	7.18	2.96	0.412	56.02	18.597	460	259	1.776	0.122	0.066	64.894		0.009	
	1564.4	白云质泥岩	0.98	1.66	0.92	0.13	9.29	3.09	0.333	47.93	19.458	610	289	2.111	0.127	0.07	64.467		0.035	
	1572.9	泥质白云岩	0.18	0.85	0.3	0.03	8.41	3.03	0.36	61.44	20.277	520	183	2.842	0.125	0.085	59.524		0.003	
	1586	白云质泥岩	0.12	0.37	0.17	0.02	6.89	3.3	0.479	57.37	19.002	410	227	1.806	0.136	0.036	79.07		0.052	
	1650.73	白云质泥岩	0.65	0.25	0.09	0.06	4.22	1.5	0.355	32.54	9.76	530	1053	0.503	0.062	0.036	61.386		0.005	
	1697.38	白云质泥岩	0.02	0.28	0.17	0.12	4.97	1.55	0.312	39.21	12.674	260	144	1.806	0.064	0.039	51.613	0.023		
	1797.31	白云质泥岩	0.07	0.37	0.14	0.09	7.46	3.18	0.426	47.13	18.249	560	180	3.111	0.131	0.042	75.723		0.014	
	1826.31	白云质泥岩	0.02	0.22	0.11	0.07	1.97	1.21	0.614	32.08	6.789	120	105	1.143	0.05	0.001	98.039	0.012		

续表 11-5

取样位置			水溶部分(%)						酸溶部分						矿物配矿计算				
钻井号	井深(m)	岩性	CO_3^{2-}	HCO_3^-	Na	K	Ca(%)	Mg(%)	酸溶物(%)	CO_3^{2-}	Sr($\times 10^{-6}$)	Ba($\times 10^{-6}$)	Sr/Ba	白云石(分子数)	方解石(分子数)	白云石+方解石(%)	剩CO_3^{2-}(离子数)	剩Ca^{2+}(离子数)	剩Mg^{2+}(离子数)
安1井	1865.59	白云质泥岩	0.07	0.29	0.16	0.12	4.77	1.38	47	8.678	200	97	2.062	0.057	0.031	64.773		0.031	
	1927.13	泥质白云岩	0.06	0.3	0.16	0.04	7.95	3.42	56.65	20.037	500	194	2.577	0.141	0.052	73.057		0.006	
	1939.44	油页岩	0.6	—	0.074	0.015	9.92	1.55		18.556	—	—	—	0.086	0.047	64.662	0.09		
	1963.7	白云质泥岩	0.13	0.45	0.19	0.14	5.32	2.09	42.3	13.402	420	299	1.405	0.086	0.047	64.662	0.004		
	1975.48	泥质白云岩	0.12	0.34	0.12	0.01	8.65	3.4	67.13	21.589	660	178	3.708	0.139	0.082	62.896			

表 11-6 安 3 井含碱岩系岩石化学分析结果表

取样位置			水溶部分(%)						KS系数	Ca(%)	Mg(%)	Mg/Ca	酸溶部分					矿物配矿计算				
钻井号	井深(m)	岩性	CO_3^{2-}	HCO_3^-	Cl^-	Br^-	K	Na					酸溶物(%)	CO_3^{2-}(%)	Sr($\times 10^{-6}$)	Ba($\times 10^{-6}$)	Sr/Ba	白云石(分子数)	方解石(分子数)	白云石/(白云石+方解石)(%)	剩CO_3^{2-}(离子数)	剩Ca^{2+}(离子数)	剩Mg^{2+}(离子数)
安3井	1953	白云质泥岩	0.11	2.32	—	—	0.02	0.12	—	6.1	2.26	0.371	42.55	18.735	450	77	5.844	0.093	0.063	59.615			
	1984	白云质泥岩	0.00	2.55	0.58	0.0004	0.012	0.11	0.227	6.48	3.23	0.498	44.9	16.587	477	212	2.25	0.133	0.063	93.007			
	2056	白云质泥岩	0.00	2.27	0.33	0.0003	0.01	0.055	0.145	6.83	2.34	0.343	44.2	17.653	462	225	2.05	0.096	0.085	53.039	0.017		
	2084	白云质泥岩	0.00	2.98	0.34	<0.0003	0.019	0.07	0.114	6.74	1.73	0.257	37.1	12.877	289	281	1.028	0.071	0.073	49.306		0.021	
	2099	白云质泥岩	0.00	3.67	0.63	<0.0003	0.027	0.08	0.172	8.54	2.81	0.329	45	17.3	599	302	1.983	0.116	0.056	67.442		0.025	
	2127	白云质泥岩	0.00	3.12	0.57	<0.0003	0.013	0.075	0.183	5.95	2.58	0.434	47.9	14.266	499	484	1.031	0.106	0.026	80.303		0.042	
	2159	白云质泥岩	0.00	4.33	0.69	<0.0003	0.065	0.95	0.159	5.91	2.53	0.428	43.5	11.848	450	314	1.433	0.099	0.000	100		0.05	0.001

续表 11-6

取样位置			水溶部分(%)						酸溶部分								矿物配矿计算				
钻井号	井深(m)	岩性	CO_3^{2-}	HCO_3^-	Cl^-	Br^-	K	Na	K_s系数	Ca(%)	Mg(%)	Mg/Ca	酸溶物(%)	CO_3^{2-}(%)	Sr($\times 10^{-6}$)	Ba($\times 10^{-6}$)	Sr/Ba	白云石(分子数)	方解石(分子数)	白云石/(白云石+方解石)(%)	剩CO_3^{2-}(离子数)	剩Ca^{2+}(离子数)	剩Mg^{2+}(离子数)
安3井	2187	白云质泥岩	0.70	3.42	0.34	<0.0003	0.046	1.68	0.069	5.99	2.51	0.419	46.2	13.626	523	353	1.482	0.103	0.021	83.06	离子数	0.026	
	2221	白云质泥岩	0.00	2.91	0.5	<0.0003	0.02	0.23	0.172	5.26	2.24	0.426	43.9	13.914	459	498	0.922	0.092	0.040	69.697	0.008		
	2240	白云质泥岩	0.00	3.12	0.55	<0.0003	0.037	0.24	0.176	6.63	2.47	0.373	47.7	14.144	549	1089	0.504	0.102	0.034	61.94		0.03	
	2242.4	白云质泥岩	0.60	0.99	—	—	0.13	0.57	—	8.75	2.66	0.304	49.39	17.519	690	431	1.601	0.109	0.074	59.563		0.036	
	2260	白云质泥岩	0.00	3.33	0.51	<0.0003	0.023	0.1	0.153	5.65	2.46	0.435	41.5	11.768	462	321	1.439	0.098	0.000	100		0.043	0.03
	2279	白云质泥岩	0.00	3.33	0.69	<0.0003	0.021	0.1	0.207	7.53	2.87	0.381	45.4	16.487	531	351	1.513	0.118	0.039	82.819		0.031	
	2316	泥质白云岩	0.00	2.2	0.5	<0.0003	0.013	0.15	0.227	5.1	2.7	0.529	51.5	15.171	432	664	0.651	0.111	0.017	86.719	0.014		
	2336.4	泥质白云岩	0.67	9.25	—	—	0.003	2.98	—	2.15	1.44	0.67	51.19	6.154	310	487	0.637	0.051	0.000	100		0.003	0.008
	2337	白云质泥岩	0.00	2.84	0.43	<0.0003	0.022	0.21	0.151	4.99	2.33	0.467	45.6	13.259	407	471	0.864	0.096	0.025	79.339		0.004	
	2354	白云质泥岩	1.60	3.05	0.34	<0.0003	0.066	1.38	0.073	5.26	2.93	0.557	44.3	11.972	445	367	1.212	0.06	0.000	100		0.072	0.061
	2404	白云质泥岩	0.00	2.13	0.41	<0.0003	0.037	0.23	0.192	4.6	2.48	0.539	36.7	11.926	404	410	0.954	0.0995	0.000	100		0.015	0.002
	2420	泥质白云岩	0.00	3.3	0.3	<0.0003	0.039	0.38	0.091	4.07	2.4	0.59	59.7	13.547	312	312	1	0.099	0.003	97.05		0.025	
	2453	白云质泥岩	0.00	3.41	0.58	<0.0003	0.022	0.16	0.17	5.3	2.62	0.494	44.1	15.004	374	327	1.144	0.108	0.025	81.203	0.009		
	2485	白云质泥岩	0.00	2.98	0.55	<0.0003	0.014	0.074	0.185	5.52	2.2	0.399	37.8	14.145	340	320	1.063	0.091	0.047	65.94		0.007	
	2518	白云质泥岩	0.00	2.84	0.21	<0.0003	0.02	0.07	0.074	6.83	2.38	0.348	44.2	16.315	396	354	1.119	0.098	0.072	57.64		0.015	
	2544	白云质泥岩	0.00	3.3	0.44	<0.0003	0.024	0.11	0.133	5.8	2.14	0.369	38.9	13.367	388	300	1.293	0.088	0.047	65.185		0.01	

(2)泌 2 井碱卤水含钾较高,含 K^+ 为 738mg/L(原分析结果为 1504mg/L),其工业利用可行性加工试验已综合回收到 KCl。

本区碱卤水的含钾性在中国东部红色盆地的 5 个碳酸盐型水盆地中居于首位(表 11-7)。

表 11-7 中国东部碳酸盐型水盆地卤水钾含量及矿化度对比表

盆地(凹陷)名称	地下水质类型	K^+ 含量(mg/L)	矿化度(g/L)	代表井
泌阳	碳酸盐型	738	207	泌 2 井
苏北(东台)	碳酸盐型	192	33.63	苏 41 井
南雄	碳酸盐型	161.6	4.43	狗 泉
渤海湾	碳酸盐型	缺 K^+ 分析	59.46	滨 300 井
桐柏(吴城)	碳酸盐型	缺 K^+ 分析	138.23	桐 36 井
江汉(潜江)	硫酸盐型	3251	332.72	王 14—6 井
三水	硫酸盐型	495	43.55	水深 3 井

(3)岩石(泥质白云岩、白云质泥岩及油页岩)中普遍含钾且有相当含量,一般含钾为 0.01%～0.06%,局部为 0.15%。

3. 成矿可能性分析

(1)泌阳凹陷从物源和盆地的封闭条件来看,对钾盐的成矿有利,气候条件不全具备但基本有利。但从盆地的发展阶段来说钾盐沉积的可能性不大。泌阳凹陷是一个不完整旋回的沉积盆地,古近系只有碳酸盐沉积或最多发展到硫酸盐阶段(因生物化学的成碱作用而消失),未向更高级的岩盐阶段发展即行停止,没有岩盐沉积阶段的充分发展就不具备钾盐沉积条件。

(2)由于泌阳凹陷受构造活动的影响和勘探工程地区及数量的局限性,从已知的钻孔可知,靠近沉积中心的安 3 井未见到岩盐层,可以推断其他次凹也不会有厚层岩盐层存在,因此,整个凹陷不具备钾盐的沉积条件。

(3)据瓦利亚什科的成矿理论推断,本区盐盆地发展的现有阶段能够出现的钾盐矿物如:碳酸芒硝、重碳酸盐或钾芒硝等也没有发现,况且它们是不重要的钾盐矿物。

(4)含钾溶质的地表水不如盆地后的去向有两个,一是始终存在于先结晶的碱类矿物的晶间卤水中,在含盐层系深埋压实过程中,被挤出运移后在适当部位(如在白云岩的溶洞、空洞发育区或构造带)集中储存起来,泌 2 井碱卤水即属于这种性质。二是分散在盐系岩石中,特别是黏土质岩石中,F.李普曼(1973)在论述碳酸盐矿物时认为,仅有的钾碳酸盐矿物——重碳酸盐是很少的,这最大的可能是与钾在黏土矿物特别是在伊利石中已优先被吸附有关。钾和钠比较,钠的吸附能力小,据其交换能力易被 K^+、Ca^{2+}、Mg^{2+} 所代替,使 Na^+ 转入溶液而 K^+、Ca^{2+}、Mg^{2+} 则变为泥质沉积物。泌阳凹陷岩系中主要含黏土岩石(泥质白云岩、白云质泥岩及油页岩)中的黏土矿物以伊利石为主,其中普遍含钾,其 K_2O 含量稳定在 $4 \times 10^{-6} \sim 8 \times 10^{-6}$ (表 11-8)。据此认为,在盆地发展的碳酸盐阶段,黏土矿物(伊利石为主)对钾的吸附是阻碍形成钾盐矿物的原因之一。

表 11-8　含碱岩系岩石提纯黏土含钾性表

井号	样品井深(m)	$K_2O(\times 10^{-6})$	井号	样品井深(m)	$K_2O(\times 10^{-6})$
安1井	1207.79	4.48	安1井	1509.99	5.06
	1228.3	4.37		1575.25	3.56
	1260.4	5.71		1596.6	5.13
	1272.38	7.29		1630.3	4.39
	1290.39	4.25		1664.8	4.84
	1313.55	5.44		1721.71	7.45
	1323.4	4.46		1755.0	6.20
	1335.22	4.08		1797.31	5.97
	1351.71	4.21		1817.38	5.80
	1353.5	5.17		1831.51	5.95
	1362.75	5.42		1865.23	5.39
	1407.93	5.30		1894.49	6.06
	1421.22	5.42		1920.86	7.67
	1466.87	5.93		1564.4	5.38
	1489.11	4.01		1956.06	6.19

综上所述,泌阳凹陷没有形成钾盐矿床的可能,但也可能有钾盐矿物(碳酸盐或重碳酸盐)的存在。

4. 找矿建议

泌阳凹陷有比较丰富的钾物质来源补给,推测其去向一部分进入晶间卤水被保存下来,并证实碱卤水含钾普遍较高,有综合利用价值。因此,寻找液体矿层对钾进行综合利用很有必要。

第三节　河南省新生代沉积盆地钾盐找矿前景

河南省新生代沉积盆地 28 个,这些盆地中已发现有岩盐、石膏、天然碱和钾盐(杂卤石)矿点、矿层或矿床,对钾盐展示了一定的找矿前景。

一、古地理面貌和成盐条件分析

(一)盆地发展简史及成盐性

晚白垩世晚期,当中国东部许多同类型盆地因闽浙运动而隆起结束发展时,河南省许多盆地却进入强烈断陷的发展时期,出现了一系列深凹,至始新世晚期普遍有巨厚的砂泥岩和膏、盐、天然碱沉积,如东濮、周口、南襄盆地等;渐新世以后,其活动渐趋减弱或有上升回返,一些盆地仍持续发展(如东濮、周口、南襄盆地等,并有石膏沉积),一些盆地则趋于停止发展(如吴城盆地等)。

(二)盆地沉积物来源

在形成、发育的一系列盆地之间是相对隆起的剥蚀区,给盆地提供了丰富的物质补给。同时其大部分时期古地理总面貌是地形差异分化不大,从而导致了东部大洋海水可能不时漫过这些隆起而注入到盆地中来(东濮及南阳盆地发现属于咸水—半咸水的生物化石),也给盆地盐类沉积提供了可能的物质补给。同时对盆地的形成和发展起控制作用的深大断裂可能给盆地补给深部物质。

(三)炎热干旱的气候

古近纪干旱气候带不断向北迁移、干旱程度不断加剧,直到古近纪后期才开始由东向西退缩,到了新近纪就比较接近现代的气候分带了。这样的气候给膏盐沉积带来了必要条件。

(四)成盐期

河南省新生代沉积盆地成盐期有两个:一个是始新世中—晚期(也是中国东部盆地最主要的成盐期),盐系沉积规模大,如东濮凹陷沙河街组岩(盐)系沉积厚度2500~3000m、周口盆地西缘舞阳凹陷与南襄盆地的核桃园组岩(盐)系沉积厚度也在1500m以上;另一个是渐新世。是本区(也是中国东部)最后一个成盐期,在南襄盆地廖庄组有300m以上的含膏岩系。

通过以上分析可知,河南省盆地具备盐类沉积所必备的古地理、古构造、古气候和物源条件,并不同程度地沉积了盐类矿层或矿床。

二、对钾盐找矿前景的初步看法

从古近纪古地理的发展和成盐条件分析来探讨河南省寻找钾盐的前景,初步认为具备以下有利条件及不利因素。

(一)具备成钾的有利条件

河南省新生代沉积有大小不等的一系列盆地,有的盆地沉陷较深,成为非补偿性盆地,是接受盐类物质沉积的基本条件;这一时期河南省处于干旱气候条件带控制下,有普遍的膏盐沉积,有丰富的物源补给,除陆源和可能有深源外,还可能有海水补给:我国东部沿海地区古近纪曾有4次大海侵,即古新世、始新世早期、始新世晚期和渐新世。特别是后3次海侵规模较大,波及范围广,尤其从东部入侵的东海水已波及到河南省东北缘,向西南已进入到现在的宜昌、长沙、武汉等地,它们对河南省盆地有多大影响还不清楚,但据报道在南襄及东濮盆地已发现有海相古生物化石,是否能说明它们已波及河南省还有待研究。海水补给对盆地成钾十分有利,另外在古地理发展过程中,一些盆地不时沟通,形成一些广阔的大盆地,为成盐提供了较大的预备盆地。周口盆地可能是舞阳凹陷的预备盆地,这样的盆地对成钾亦有利,还有构造活动的周期性,活动期造成一些地理上阻隔和封闭条件,相对稳定期则有利于浓缩于一个盆地(或凹陷)内继续蒸发成盐。

与东濮盆地比较近的山东大汶口盆地已发现了钾盐(杂卤石)矿点,两者是否有连通的历史应予重视;周口盆地西缘的舞阳凹陷也发现了钾盐(杂卤石)层,再向西的鲁山凹陷与之为一个盆地,亦应注意。周口盆地和东濮盆地是首要的注意对象。

近年来对周口盆地的舞阳凹陷和东濮盆地的濮阳凹陷进行了大规模的勘查,正在叶舞凹陷进行施工的 ZK5 井中,在 1600 多米处,经观察岩芯发现有肉红色的结晶体充填于岩盐、泥岩的裂隙中,味苦且涩,符合钾盐的某些特征,有待于在以后的工作中进行化验分析确定;在舞5 井中曾发现有杂卤石矿化;在濮阳凹陷施工的钻孔中也发现有肉红色的结晶体充填于岩盐、泥岩的裂隙中,味苦且涩,符合钾盐的某些特征。舞阳凹陷和濮阳凹陷尚有寻找钾盐的潜力,这需要在以后的工作中进行深入研究和分析。

(二)不利因素

这一时期成盐过程时有周期性的淡化,不利于卤水进一步浓缩形成含钾沉积;盆地内断裂发育,它们将盆地切割成破碎的凹凸相间的构造格局,不利于卤水集中形成大的盐体;盆地内含盐层系埋藏深,不利于勘探和开发。

河南省新生代沉积盆地具有一定的钾盐找矿前景,目前必须充分利用已有找盐和石油勘探资料,详细研究河南省古近纪时期古构造古地理的发展演变,特别要研究各成盐期及相对淡化期的古构造及古地理面貌,进而了解这一时期构造运动发展的过程,认识盆地发展迁移的规律,从而找寻卤水运移的最终归宿,或者盆地是否以淡化而告终。还要研究这一时期的海侵规模、分布范围及其对盐类沉积的影响,查明海侵和成盐的关系。若有海水作为直接的盐源补给,对钾盐的形成非常有利。

第十二章 河南省岩盐、天然碱勘查开发建议

第一节 河南省岩盐、天然碱勘查规划建议

按照河南省经济社会发展以及对盐、碱的需求,综合考虑河南省的资源条件和岩盐及盐、碱化工基地的建设,岩盐、天然碱资源的勘查重点首先开展河南省主要含盐、碱沉积盆地的岩盐、天然碱资源调查工作,选出有利区块,同时根据河南省盐化工发展需要重点开展舞阳凹陷、东濮凹陷岩盐及泌阳凹陷天然碱的勘查工作。具体可划分为3个勘查区,6个预查区。

1. 泌阳凹陷天然碱-石膏-芒硝综合勘查区

该勘查区位于泌阳凹陷内,除安棚天然碱矿、安棚石膏矿达详查以上外,其余地区工作程度均很低,应进行天然碱-石膏-芒硝的综合勘查。

2. 舞阳凹陷岩盐-石膏综合勘查区

该勘查区位于舞阳凹陷内,目前,河南省国土资源科学研究院正对该区进行岩盐的普查工作。

3. 濮阳凹陷岩盐-石膏综合勘查区

该勘查区位于濮阳凹陷内,目前,河南省地质调查院、河南省地矿局物探队、水文一队等数家地勘单位在该区进行岩盐的普查工作。

4. 南阳盆地程官营凹陷天然碱预查区

该预查区位于南阳盆地内,面积约 $415.08km^2$,该凹陷仅在边缘钻袁1井、袁2井、南浅2井、南浅3井、南29井,工作程度极低,但其沉积特征和构造条件与泌阳凹陷、吴城盆地基本相同,找矿潜力巨大。

5. 元村凹陷岩盐-石膏预查区

该预查区位于元村凹陷内,面积 $370km^2$,仅完钻元参1井,地质工程低。

6. 黄口凹陷岩盐-石膏预查区

该预查区位于黄口凹陷内,面积约 $4000km^2$。完钻探井4口,工作程度低。

7. 板桥盆地岩盐预查区

该预查区位于板桥盆地内,面积仅 $500km^2$。完钻探井2口,工作程度低。

8. 洛阳盆地宜阳凹陷岩盐、天然碱预查区

该预查区位于洛阳盆地内,面积约 $864km^2$。在1973年进行的宜阳盆地找盐地质普查中,曾发现 Cl^- 的相对升高,地质工作程度较低。

9. 鹿邑凹陷岩盐预查区

该预查区位于鹿邑凹陷内,面积约 2000km²。在凹陷边缘及其周围地区共钻探 10 口井,凹陷中心尚没有 1 口钻井,地质工作程度较低。

第二节 河南省岩盐、天然碱开发规划建议

以叶县-舞阳、濮阳、安棚和吴城等岩盐、天然碱资源集中区为依托,综合考虑全省盐及盐碱化工工业布局,查明岩盐、天然碱资源分布,以及岩盐、天然碱资源潜力分布等条件,共划分叶县、舞阳县孟寨和濮阳 3 个岩盐开发规划区。全省天然碱查明资源储量矿区 2 处,泌阳凹陷的安棚天然碱矿和吴城盆地的吴城天然碱矿,目前均在开采中,规划为天然碱开发区。

1. 叶县岩盐开发区

叶县岩盐开发区位于舞阳凹陷的西部,进一步分为 21 个开采区块。

PK1:中盐皓龙盐化有限公司盐矿区,已设采矿权,该矿区位于马庄矿段,矿区东西长 885.5m,南北宽 728.5m,面积 0.56km²,占用岩盐资源储量 2.72×10^8t。1994 年投产,原设计生产能力 30×10^4t/a,目前实际生产能力 150×10^4t/a。

PK2:原豫昆精制盐厂矿区。该企业于 2000 年被中盐皓龙公司兼并,现隶属于中盐皓龙盐化有限责任公司,该矿区位于马庄矿段,面积 0.49km²,该矿区由于是采矿权过期,2007 年中盐皓龙盐化有限责任公司重新编制了矿区资源储量核查报告,正在重新申请采矿权。矿区东西长 688m,南北宽 753m,可供设计 2 个水平对井采块,采卤能力可达到 $30\times10^4\sim40\times10^4$t/a 卤折盐。

PK3:原叶县第一盐矿矿区,采矿权灭失。属马庄盐矿段范围,矿区东西长 404m,南北宽 664.5m,面积 0.26km²,可供设计 1 个链接井组,采卤能力可达到 $30\times10^4\sim40\times10^4$t/a 卤折盐。可重新核查资源储量后出让。

PK4:叶县神鹰盐矿。属田庄盐矿的西段,目前采用单井抽采,采矿能力为 5×10^4t,矿区东西长 728m,南北宽 504m,面积 0.37km²,可供设计 2 个水平对井采块,建议扩大采矿能力,采卤能力可达到 $30\times10^4\sim40\times10^4$t/a 卤折盐。

PK5:河南石油勘探局盐化总厂盐矿,已设采矿权,为田庄盐矿的中段,矿区东西长 795m,南北宽 1069m,面积 1.5km²,岩盐资源储量 2.127×10^8t。可供设计 2 个水平对井采块,采卤能力可达到 $30\times10^4\sim40\times10^4$t/a 卤折盐。

PK6:位于马庄盐矿段西北部,未估算资源储量,可依据已有的钻孔及相邻采区生产井资料估算资源储量后出让,矿区东西长 1428m,南北宽 1032m,面积 1.38km²,可供设计 4 个水平对井采块,采卤能力可达到 $60\times10^4\sim80\times10^4$t/a 卤折盐。

PK7:位于马庄盐矿段北部,大部分未估算资源储量,可依据已有的钻孔及相邻采区生产井资料估算资源储量后出让,矿区东西长 1008m,南北宽 1031.5m,面积 0.82km²,可供设计 3 个水平对井采块,采卤能力可达到 $45\times10^4\sim60\times10^4$t/a 卤折盐。

PK8:位于马庄盐矿段西南部,未估算资源储量,可依据已有的钻孔及未来相邻采区生产井资料估算资源储量后出让,矿区面积 1.14km²,可供设计 4 个水平对井采块,采卤能力可达

到 $60×10^4$~$80×10^4$t/a 卤折盐。

PK9：位于马庄盐矿段南部，大部分未估算资源储量，可依据已有的钻孔及相邻采区生产井资料估算资源储量后出让，矿区东西长 901m，南北宽 634m，面积 $0.59km^2$，可供设计 2 个水平对井采块，采卤能力可达到 $30×10^4$~$40×10^4$t/a 卤折盐。

PK10：位于马庄盐矿段南部，未估算资源储量，可依据已有的钻孔及相邻采区生产井资料估算资源储量后出让，矿区东西长 300m，南北宽 702m，面积 $0.33km^2$，可供设计 1 个水平对井采块，采卤能力可达到 $20×10^4$t/a 卤折盐。

PK11：属马庄盐矿段，矿区东西长 802m，南北宽 1191m，面积 $1.2km^2$，可供设计 2 个链接井组采块，采卤能力可达到 $60×10^4$~$80×10^4$t/a 卤折盐。

PK12：位于马庄盐矿段与田庄盐矿段之间，未估算资源储量，可依据已有的钻孔及相邻采区生产井资料估算资源储量后出让，矿区东西长 802m，南北宽 1191m，面积 $1.01km^2$，可供设计 2 个链接井组采块，采卤能力可达到 $60×10^4$~$80×10^4$t/a 卤折盐。。

PK13：位于田庄盐矿段西北部，未估算资源储量，可依据已有的钻孔及相邻采区生产井资料估算资源储量后出让，矿区东西长 740.5m，南北宽 916.5m，面积 $0.66km^2$，可供设计 2 个水平对井采块，采卤能力可达到 $30×10^4$~$40×10^4$t/a 卤折盐。

PK14：位于田庄盐矿段北部，未估算资源储量，可依据已有的钻孔及相邻采区生产井资料估算资源储量后出让，矿区东西长 771m，南北宽 1099m，面积 $0.85km^2$，可供设计 2 个水平对井采块，采卤能力可达到 $30×10^4$~$40×10^4$t/a 卤折盐。

PK15：位于田庄盐矿段北部，未估算资源储量，可依据已有的钻孔及相邻采区生产井资料估算资源储量后出让，矿区东西长 1092m，南北宽 771m，面积 $0.82km^2$，可供设计 2 个水平对井采块，采卤能力可达到 $30×10^4$~$40×10^4$t/a 卤折盐。

PK16：属田庄盐矿段，矿区东西长 1076m，南北宽 947m，面积 $1.1km^2$，可供设计 2 个链接井组采块，采卤能力可达到 $60×10^4$~$80×10^4$t/a 卤折盐。

PK17：属田庄盐矿段，矿区东西长 1282m，南北宽 886m，面积 $1.13km^2$，可供设计 2 个链接井组采块，采卤能力可达到 $60×10^4$~$80×10^4$t/a 卤折盐。

PK18：位于田庄盐矿段西南部，未估算资源储量，可依据已有的钻孔及相邻采区生产井资料估算资源储量后出让，矿区东西长 475m，南北宽 687m，面积 $1.79km^2$，可供设计 1 个链接井组采块，采卤能力可达到 $30×10^4$~$40×10^4$t/a 卤折盐。

PK19：属田庄盐矿段，矿区东西长 717m，南北宽 886m，面积 $0.6km^2$，可供设计 2 个水平对井采块，采卤能力可达到 $30×10^4$~$40×10^4$t/a 卤折盐。

PK20：河南神马氯碱化工股份有限公司叶县姚寨盐矿，2007 年 10 月新发采矿权，正在筹建中，矿区面积 $5.49km^2$，设计采矿能力 $209×10^4$t/a 卤折盐。

PK21：平顶山煤业（集团）有限责任公司化工产业园盐矿基地娄庄盐矿，2007 年 7 月新发采矿权，正在筹建中，矿区面积 $6.61km^2$，设计采矿能力 $120×10^4$t/a 卤折盐。

2. 舞阳县孟寨岩盐开发区

舞阳孟寨岩盐开发区进一步分为 5 个开采区块，华阳矿业公司盐矿、舞阳孟寨盐矿区北部开采区、河南金大地化工有限责任公司舞阳孟寨盐矿、孟寨黄庄段开采区和孟寨梅庄段开采区。其中华阳矿业公司开采区块和河南金大地化工有限责任公司舞阳孟寨盐矿为已设矿权区块，其他 3 个区块为规划区块。

(1) 华阳矿业开发公司舞阳盐矿,已设采矿权,矿区面积 $0.3762km^2$,储量 $9140×10^4t$,设计采矿能力 $100×10^4m^3/a$ 卤水(约 $30×10^4t/a$ 卤折盐),实际生产能力约 $24.4×10^4t/a$ 卤折盐。

(2) 舞阳孟寨盐矿区北部开采区,面积约 $0.37km^2$,岩盐资源储量 $0.97×10^8t$。可供设计 2~3 个采矿区块,采卤能力可达到 $30×10^4$~$45×10^4t/a$ 卤折盐。2008 年 6 月已出让。

(3) 河南金大地化工有限责任公司舞阳孟寨盐矿,面积 $1.29km^2$,岩盐资源储量 $3.1×10^8t$。2007 年 4 月已取得采矿权,正在筹建中,设计采矿能力 $72×10^4t/a$ 卤折盐。

(4) 孟寨梅庄段开采区块位于孟寨盐矿区开采区块东侧,岩盐资源储量 $2.8×10^8t$。矿区东西长 1083m,南北宽 1036m,面积 $1.143km^2$,可供设计 4 个水平对井采块,采卤能力可达到 $60×10^4$~$80×10^4t/a$ 卤折盐。2008 年 6 月已出让。

(5) 孟寨黄庄段开采区块位于孟寨盐矿区开采区块东侧,岩盐资源储量 $0.91×10^8t$。矿区东西长 434m,南北宽 1157m,面积 $0.936km^2$,可供设计 2 个水平对井采块,采卤能力可达到 $30×10^4$~$40×10^4t/a$ 卤折盐。2008 年 6 月已出让。

3. 濮阳市岩盐开发区

该区主要为濮阳-文留含盐区,2009 年,濮阳市与永煤集团签订了合作协议,由河南煤化集团濮阳永龙化工有限公司计划投资 20 亿元,建设年产 $100×10^4t$ 真空制盐、$60×10^4t$ 纯碱、$60×10^4t$ 氯化铵和 $10×10^4t$ 三聚氰胺等盐化工项目。

2010 年,濮阳县政府聘请专家,利用中原油田 7 口废弃井地质资料,测算后杜庄地区 $5.58km^2$ 的岩盐资源探矿区地质储量为 8 亿多吨。

2011 年 6 月,年产 $100×10^4t$ 真空制盐项目正式投产,迈出了濮阳成为省内又一盐化工基地的第一步。2012 年 2 月 13 日,范县政府与山东祥丰矿业集团签订了投资 80 亿元的盐化工项目合作协议,计划一期工程投资为 40 亿元,包括年产 $30×10^4t$ 烧碱、$45×10^4t$ PVC、$100×10^4t$ 煤化气等;二期和三期再分别投资 10 亿元和 30 亿元,实施配套建设。

4. 吴城天然碱开发区

吴城天然碱矿查明资源储量区,面积 $4.8935km^2$,保有资源储量 $3172.32×10^4t$。已由桐柏海晶碱业有限责任公司开采,设计采矿能力 $10×10^4t/a$。

5. 安棚天然碱开发区

安棚天然碱矿查明资源储量区,面积 $11.1249km^2$,保有资源储量纯碱量 $3982.04×10^4t$。由桐柏安棚碱矿有限责任公司开采,实际采矿能力 $30×10^4t/a$。2008 年 12 月,经河南省商业厅批准,桐柏安棚碱矿有限责任公司更名为河南中源化学股份有限公司。由内蒙古博源控股公司、河南石油勘探局等 6 家股东共同投资,管辖安棚分公司、桐柏海晶碱业有限公司等,年生产能力 $59.61×10^4t$。

主要参考文献

安舆.东濮凹陷北部下第三系沙河街组地层对比综合研究报告[R].中原油田地质科学研究院,1983.

曹新焰,曾光艳.桐柏盆地新生代地层及石油地质特征与含油气远景评价[R].河南石油勘探局石油勘探开发地质研究院,1992.

陈文礼,何明喜,全书进,等.河南老区外围盆地评价与优选[R].河南石油勘探局勘探开发研究院,2000.

陈文学,孔凡军,等.舞阳-襄城凹陷沉积相与储层特征研究[R].中国石油化工股份有限公司,河南油田分公司石油勘探开发研究院,2000.

陈文学,等.泌阳凹陷下第三系层序地层样式及石油地质意义,地球科学,2001,增刊.

陈晓东.东明凹陷下第三系沉积体系初步分析[R].国家地质总局第五普查勘探大队,1977.

陈晓东.东明凹陷早第三纪沉积环境与油气[R].地质矿产部华北石油地质局地质研究大队,1983.

杜耀斌,李亚玉,刘司红,等.谭庄-沈丘凹陷油气成藏条件及勘探目标选择[R].中国石油化工股份有限公司,河南油田分公司石油勘探开发研究院,2002.

冯建辉.中原探区油气资源评价研究[R].中国石油化工股份有限公司,中原油田分公司,2000.

干国经,曾光明.泌阳凹陷安棚液体碱矿资源评价初探[R].河南石油勘探开发研究院,1988.

高玉荣,曹建康.谭庄-沈丘凹陷下第三系大仓房、玉皇顶组沉积特征与油气储集条件研究[R].河南石油勘探局,1992.

国家地质总局第九普查勘探大队.豫西主要盆地(K_2-E)含油远景探讨[R].国家地质总局第九普查勘探大队,1977.

国家地质总局第九普查勘探大队.河南省周口地区周口坳陷资料阅读小结[R].国家地质总局第九普查勘探大队,1978.

韩玉戟,于明德,等.伊川盆地石油地质特征及资源评价[R].河南石油勘探局勘探开发研究院,1993.

何海泉,邱阳辉.东明凹陷桥口含油构造初步分析及南部远景预测[R].国家地质总局第五普查勘探大队地质队,1977.

何会强,吴官生,等.周口凹陷舞阳、襄城凹陷下第三系资源评价[R].河南石油勘探局石油勘探开发研究院,1989.

何明喜,常辉,等.伊川盆地石油地质特征及远景评价[R].河南石油勘探局勘探开发研究院,1995.

何明喜,魏新善,张育民,等.南襄盆地新生代地质特征与油气分布规律初步认识[R].河南石油勘探局河南石油职工大学,1990.

何明喜,张育民,刘喜杰.石滚河盆地地质特征及含油气前景评价[R].河南石油勘探局,河南石油职工大学,1991.

何明喜,张育民,王雅丽,等.桐柏盆地含油气情况的初步认识[R].河南石油勘探局,1990.

主要参考文献

何明喜.桐柏盆地含油气地质特征与资源评价河南石油勘探局[R].河南石油职工大学,1991.

河南省地质局地质研究所.河南岩相古地理图说明书[R].河南省地质局地质研究所,1961.

河南省地质局石油队.河南主要沉积盆地及其含油远景[R].河南省地质局石油队,1973.

胡成国.板桥盆地石油地质勘探总结[R].南石油会战指挥部地质勘探开发研究所,1979.

胡受权.陆相断陷湖盆层序地层学研究－以泌阳凹陷核三段为例[D].成都:成都理工大学,1996.

胡受权.泌阳断陷陡坡带陆相层序发育的可容空间图解探讨[J].高校地质学报,1998,4(1):86－95.

胡受权.泌阳断陷双河－赵凹地区下第三系核三上段陆相层序发育的可容空间机制[J].沉积学报,1998,16(3):102－109.

胡受权,郭文平,颜其彬,等.泌阳断陷下第三系核三上亚段层序地层学研究[J].地层学杂志,1999,23(2):115－124.

湖北省石油地质研究队二分队.周口坳陷地质构造特征及找油问题探讨[R].湖北省石油地质研究队二分队,1975.

纪友亮,等.陆相断陷湖盆层序地层学[M].北京:石油工业出版社,1996.

姜在兴,等.层序地层学原理及应用[M].北京:石油工业出版社,1996.

李纯菊.泌阳凹陷核三上段隐蔽油藏分析[C]//翟光明.北京石油地质会议报告论文集.北京:石油工业出版社,1987.

李凤勋,左丽群,熊翠,等.舞阳凹陷古近纪核桃园期岩相古地理研究[J].吐哈油气,2009,14(4):316－318.

李培俊.三门峡盆地岩盐地质普查简报[R].河南省革命委员会地质局地质四队,1973.

李旗沛.洛阳盆地石油地质特征及含油气远景评价[R].河南石油会战指挥部地质勘探开发研究所,1981.

李旗沛.三门峡盆地石油地质特征及勘探部署建议[R].河南石油会战指挥部地质勘探开发研究所,1979.

李旗沛.周口坳陷下第三系划分与对比[R].河南石油勘探开发研究院,1989.

李庆浩,胡志方,曾光明,等.河南省平顶山盐田探采试验区详查地质报告[R].河南石油勘探局勘探开发研究院,1995.

李志宏,孟宪松.河南省确山县任店盆地找盐地质工作总结[R].河南省地质局地质十二队,1980.

林涨年,等.苏北第三系盆地隐蔽油气藏勘探[M].北京:地质出版社,1996.

刘来民.三门峡盆地1980年石油地质勘探[R].总结河南石油会战指挥部地质勘探开发研究所,1980.

吕献廷,刘克明,谷晓明,等.南阳盆地东部盐矿普查报告[R].河南省革命委员会地质局地质十二队,1973.

罗家群,曹新焰,郑用华,等.安棚地区新层系油气藏形成条件与评价[J].河南石油,1994(1):15－21,75.

马振芳,等.陕甘宁盆地中部奥陶系风化壳隐蔽油气藏成藏条件[M].北京:地质出版社,1996.

邱荣华,陈文礼.河南老区外围盆地油气勘探前景评价[R].中国石油化工股份有限公司,2000.

邱荣华.泌阳凹陷北部斜坡油气富集条件及油藏类型[J].石油与天然气地质,1990,11(2):214－220.

曲新国.唐河西大岗下第三系孢粉组合特征[R].河南石油勘探局开发研究院,1988.

全书进,蒋永福,刘司红,等.信阳盆地含油气远景评价[R].中国石油化工股份有限公司,河南油田分公司石油勘探开发研究院,2001.

沈守文,彭大钧,颜其彬,等.试论隐蔽油气藏的分类及勘探思路[J].石油学报,2000(1):16-23.

孙龙德,等.复杂断裂带的隐蔽油气藏[M].北京:地质出版社,1996.

唐义章.中牟凹陷新生界含油气性探讨[R].河南石油会战指挥部地质勘探开发研究所,1982.

汪义先.泌阳凹陷石油地质勘探小结[R].河南石油勘探指挥部地质大队,1977.

汪义先.南阳凹陷石油地质勘探初步总结[R].河南石油勘探指挥部,1976.

王建平.河南省天然碱、岩盐潜力调查评价[R].河南省地质调查院,2013.

王寿庆.扇三角洲模式[M].北京:石油工业出版社,1993.

吴庆瑶.南阳、泌阳凹陷地层对比新认识[R].河南石油勘探开发研究院,1988.

向春贵,谷晓明,等.河南省确山县石滚河盆地找盐普查报告[R].河南省革命委员会地质局地质十二队,1973.

辛茂安.中原探区外围盆地第二次油气资源评价[R].中国石油化工股份有限公司,中原油田分公司,1993.

熊保贤,宋桂桥,孙家振,等.周口坳陷油气藏形成条件及有效圈闭研究[R].河南石油勘探局勘探开发研究院,1994.

胥菊珍,张孝义,等.东濮凹陷北部古近系与盐岩有关的油气藏类型[J].石油与天然气地质,2003,24(2):153-156.

徐建中.泌阳凹陷下第三系核桃园组白云岩层系沉积环境及储集性能[R].武汉地质学院石油系教研室,河南石油勘探局石油勘探研究院,1986.

杨畅松,等.断陷湖盆层序地层研究和计算机模拟——以二连盆地马里雅斯太断陷为例:地学前缘,1995,2(30).

杨士辉.河南省桐柏县安棚碱矿资源储量核查报告[R].河南石油勘探局天然碱开发公司,2004.

姚林庄.河南省中新生代盆地盐类矿产成矿远景区划说明书(白垩-下第三纪)[R].河南省地质局十二队,1979.

张永才,张广亮。高平,等.东濮凹陷第三系划分与对比[R].中原油田勘探二室,1988.

赵全民,肖学.舞阳-襄城凹陷石油地质特征及区带评价[R].河南油田分公司石油勘探开发研究院,1998.

赵志清.中原油气区第三系[R].勘探开发研究院,1990.

郑用华,罗家群,等.泌阳凹陷南部边界大断裂对油气的控制,跨世纪的中国石油天然气产业[M].北京:中国社会科学出版社,2000.

周建民,王吉平.河南泌阳凹陷含碱段的浅水蒸发环境[J].沉积学报,1989,7(4):149-157.

周明道.关于对中牟凹陷构造单元划分初步意见[R].河南石油会战指挥部地质勘探开发研究所,1980.

周世全,吕献廷,张永才,等.河南省信阳地区平昌关罗山盆地初步地质普查报告[R].河南省革委会地质局十二队,1973.

周世全.予南中新生代"红层"的初步划分、对比及成盐条件讨论[R].河南省地质局十二队区域组,1975.

朱筱敏.层序地层学[M].东营:石油大学出版社,2000.

Biddle K T,Wielchowsky C C. Hydrocarbon trap[M]//Magoon L B,Dow W G·The petroleum system-from source to trap. AAPG Memoir 60,1994.

Cant D J. Diagenetic traps in sandstones[J]. AAPG Bulletin,1986,70(2).

Chenoweth P A. Unconformity traps[M]//King R E. Stratigraphic oil and gas field-classification,exploration methods,and case histories. AAPG Memoir 16,1972.

chmidt V,McDonanld D A. The role of secondary porosity in the course of sandstone diagenesis[M]//Aspects of diagenesis:SPEM Special Publication 26,1979.

Gawthorpe R L,et al. Evolution of Miocene Foot wall—Derived Coarse-Grained Deltas, Gulf of Suez, Egypt:lmplication for Exploration[J]. AAPG,1990,7(7).

Halbouty M T. East Texas field-U. S. A,East Texas basin,Texas[M]//Foster N H,Beaumont E A. compil-ers,Stratigraphic traps,Ⅱ:AAPG Treatise of Petroleum Geology,Atlas of oil and gas field,1991.

Mcpherson J G,et al. Fan-deltas and braied deltas:Varieties of coarse-grained deltas:GSA[J]. Bualletin,1990,99.

Michel T,Halbouty. 寻找隐蔽油藏[M]. 刘民中,等译. 北京:石油工业出版社,1988.

Schmidt V,et al. Development of diagenetic seal in carbonates and sandstones[J]. AAPG Bulletin, 1983:67.

附表1 河南省新生代沉积盆地基本特征表

序号	盆地名称	凹陷名称	盆地（凹陷）要素				新生界底最大埋深(m)	基底	盆地（凹陷）结构(m)					发生时代	结束时代	控盆构造特征
			面积(km²)	形态	走向	性质			Q+N	E	K	J	T			
1	汤阴盆地		2518	长条状	北北东	双断	3700	Pz₂	1200	2500		500		J	E	北北东向
2		元村凹陷	313	椭圆形	北北东	单断	3500	Pz₂	1580	1020				E	E	北北东向
3		东濮凹陷	4555	楔形	北东	单断	10 000(>6500)	Pz₂	3000	7000	150		2000	T	E	北北东向
4		济源凹陷	2100	椭圆形	东西	双断	6500	Pz	270	2550		4000	3605	T	E	东西向
5		中牟凹陷	5280	似矩形	东西	双断	9000	Pz	3500	5500		125	680	T	E	东西向
6		民权凹陷	61	三角形	北西	双断	3500	Pz	1245	>2300		1700		J	E	北西向
7		黄口凹陷	1283	不规则状	东西	单断	4000	Pz₂	1200	3830		200		T(?)	E	北西向—北东向
8	三门峡盆地	灵宝凹陷	915	椭圆形	东西—北东	双断	6300	Pz₁	1000(N)	5000				E(K)	E	东西向、北东向
9		交口凹陷	466	不规则形	北东	单断	3500	Pt₂	100~500(N)	3200				K(?)	E	北西向、北东向
10	五亩盆地		238	长条状	北东	单断	3800	Pt, Ar	300	3500	500			K	E	北东向
11	卢氏盆地		301	不规则矩形	北东	单断	>1360	Pt		1360				E	E	北东向
12	洛阳盆地	洛宁凹陷	994	长条状	北东	单断	5500	Pt, Ar	1000	4500	550			K	E	北东向
13		宜阳凹陷	608	菱形	北东	双断	5000	Pz₂	400	3800	部分陈宅沟组		1081	T	E	北东东向
14	潭头盆地		155	三角形	北东	单断	1700	Pt	28(Q)	1700	100			K	E	北东—东西向
15	嵩县盆地		313	长条状	北东	双断	1600	Pt	100	1500	>500			K	E	北东向
16	伊川盆地		585	长条状	北东	单断	1500	Pz₂	200	1050			550	T	E	北东向

附表1 河南省新生代沉积盆地基本特征表

续附表1

序号	盆地名称	凹陷名称	盆地（凹陷）要素					新生界底最大埋深(m)	盆地（凹陷）结构(m)						发生时代	结束时代	控盆构造特征
			面积(km²)	形态	走向	性质		基底	Q+N	E	K	J	T		
17	大金店盆地		271	椭圆形	东西向	向斜	1150	Pz₂	150	>1000			>550	T	E	东西向
18		临汝凹陷	1466	矩形	北西	双断	2550	Pz₂	150	2400			800	T	E	北西向
19	夏馆—高丘盆地		219	长条状	北西	单断		Pt和D			859.9			K	K	北西向
20	李官桥盆地		569	椭圆形	东西	单断	3000	Pz₁	500	2831	68			K	E	东西向
21	南阳盆地	南阳凹陷	2955	长方形	东西	单断	5000	Pt	1000	4000	1000			K	E	东西向、北东向
22		霍营官（太和）凹陷	93	圆形		向斜(?)	1500	Pz₁e						E	E	北西向、北东向
23		泌阳凹陷	888	椭圆形	东西	单断	9000	Pz₁e	322	7000	1000			K	E	北西向、北东向
24	吴坡盆地		259	椭圆形	东西	单断	>2500	Pz₁e、Pt₂	230	2260				E	E	北西向、北东向
25		巨陵凹陷	1223	长条状	东西	双断（向斜）	3000	Pz₂	1500	1500		1000		J	E	东西向
26		西华凹陷														
27		迓母口凹陷	1425	似三角状	北东	双断	2700	Pz₂	1700	1000			1000	T	E	北西向
28		鹿邑凹陷	1770	似矩形	北东	双断	7300(7000)	Pz₂	1300	4800		1200		J	E	北西向
29	周口坳陷	颜集凹陷	264	矩形	北北东	单断(?)	6000	Pz₂	900	2600			2400	T	E	北北东向
30		新站社凹陷	561	似扇形	北西	单断	5000	Pz₂	1300	3700			800	T	E	东西向、北北东向
31		襄城凹陷	1185	长条状	北西	单断	7700	Pz₂	2000	4500			1000	T	E	北西向
32		舞阳凹陷	1066	长条状	东西	单断	6000	Pz₂	541	3690	297.5			K	E	东西向
33		沈丘凹陷	3914	似长方形	北西	单断	6500	Pz₂	1800	3200	1200			J—K	E	北西向
34		板桥凹陷	301	椭圆形	北东	单断	3500	Pz₁	500	3000	1500			K	E	北东向

附表2 河南省新生代沉积盆地(凹陷)矿产卡片

盆地(凹陷名称)	矿产及编号	成矿时代及层位	工作程度	储量	地质概况	备注
汤阴盆地	石膏 (1,76)	E+N	普查	资源量 83.18×10^4t,预测的资源量 96.6×10^4t	汤阴盆地石膏分布于安阳县珠窝南沟一带及淇县庙口东场一带,石膏矿赋存于古近系—新近系的砾岩中。南沟矿:长200m,厚8m,不规则。珠窝矿:长160m,平均厚6m。经过钻探,取样化学分析:石膏质量差,$CaSO_4$为33%～65%。因块状及网脉状类型为纤维状石膏、硬石膏和土状石膏,储量C2级30.48×10^4t。淇县庙口东场石膏赋存于构造破碎带中,矿为角砾状及纤维状,石膏呈小矿,矿1号钻孔见厚28.3m。矿2号钻孔见厚9.55m,品位$CaSO_4$为72.06%～78.84%,可能属古近系一新近系石膏。储量D级52.7×10^4t	据1959年河南省安阳县珠窝南沟一带石膏地质报告及1978年河南省建材地质队编写的淇县庙口东场技矿地质报告
元村凹陷	石油(3)	E_2^2—E_3^2 沙河街组	普查		生油岩主要为沙河街组,岩性为紫红色、灰色泥岩。据元参1井资料:井深2130～2460m的沙三段,有机碳0.5%～1.45%,平均0.96%,氯仿沥青"A"平均0.514%,总烃含量178×10^{-6}。沙四段15个暗色泥岩样品,有机碳含量砂+砂为2.38kg烃/t,平均为2.38kg烃/t,最大可达4.69～6.38kg烃/t	据中原油田元村凹陷元参1井综合柱状图
	油页岩(4)	E_2^2 沙河街组四段	找油中见到		油页岩,赋存于古近系沙河街组沙四段,在元参1井沙四段中呈层状出现	
	石膏(2)	E_2^2—E_3^2 沙河街组沙三段、沙四段	找油中见到		石膏主要赋存于古近系沙河街组的沙三段、沙四段,粉砂岩与紫灰色泥岩及灰色泥岩与紫灰色肉红色砂岩呈层状出现,为硬石膏层。以石膏质泥岩及石膏团块出现	
东濮凹陷	石油(6) 天然气(7)	E_2—E_3 沙河街组,另外在E_2底部和孔店组具有生油条件	勘探		东濮凹陷地跨河南、山东。油主要在河南,已发现4个油田(文留油气田)(气田)、濮城油田、卫城油田、文明寨油田、桥口、新霍、徐集、张河沟、爪营含油气构造和9个含油气构造(白庙含气、马厂含气、古庙、古云集含气)。沙四段沙三段已投入开发。沙河街组均为生油岩系,以沙三段,沙四段生油条件最好,生油岩系最厚达1500m。有机碳为0.6%～0.9%,氯仿沥青"A"段0.06%～0.11%,为成熟—高成熟生油岩。而沙一、二段生油岩系最厚700m,生油指标偏低,属低成熟—成熟生油岩。此外,东营组及孔店组局部地区发育一定厚度的暗色泥质岩,具备生油条件,可作为凹陷的油气源区	据华北石油地质研究大队1987年编河南油气资源预测图说明书及河南省地质矿产局1988年编河南地质及矿产资源概况

续附表 2

河南省新生代沉积盆地(凹陷)矿产卡片

盆地(凹陷名称)	矿产及编号	成矿时代及层位	工作程度	储量	地质概况	备注
东濮凹陷	岩盐(8)石膏(5)钙芒硝(11)	$E_2—E_3$沙河街组	普查	截至 2010 年底,估算岩盐 $6434.6×10^8$ t	东濮凹陷,膏、盐,主要分布在黄河以北,赋存于古近系沙河街组,以沙三段及沙一段为主,次为沙二上及沙四段,岩性为岩盐、泥膏岩、泥岩及灰质泥页岩等组成多复合含盐韵律层,有 53 个韵律。岩盐厚 10~30cm,质纯,多为白色透明,部分由于铁染为浅紫红色。石盐为灰白色或浅灰色晶体,纹层状常与泥(页)岩互层,呈黑白相间纹层。单层厚度 1~3cm。纯盐层:沙一段为 120m,沙二段为 100m,沙三段为 230m,沙四段为 250m。岩盐累计厚度大于 1000m。沙三段,石膏埋深 1800~4000余m。纯盐层层厚 1300m,石膏层最厚 250m,局部有钙芒硝矿化	据中原石油勘探局开发研究院 1989 年编"东濮凹陷北部地区岩盐沉积特征及非背斜圈闭(油)气藏)形成分布规律"。
东濮凹陷	油页岩(9)	$E_2—E_3$沙河街组	找油中见到		东濮凹陷油页岩:在古近系沙河街组的沙一至沙四段均有,呈黄褐色与深灰色的泥岩、白云岩、白云质岩互层。与油、盐类共生,油页岩达几十层,单层厚 0.5~4m,埋深 1000m 以上	凹陷除斜坡带不含油页岩外,其他均含,面积大,质量、储量无资料
东濮凹陷	煤(10)	N_1馆陶组	找油中见到	矿化	煤在豫深 1 井的上古近系—新近系馆陶组地层中夹一层煤。质量、厚度不详。	据中原油田 1990 年编原油气区第三系
济源凹陷	石油(12)	E_2济源群:余庄组及泽峪组	普查	推算资源量 $0.68×10^8~0.69×10^8$ t	古近系以油显示为主,深度 500~1200m,油气显示以古近系济源群最好,如邓 2 井、泽峪组见到油迹—油浸级的显示 11 层,累计厚 7.85m,经压裂后测试累计出油 7.07m³	目前已有 11 口井见油气显示。据河南地质矿产资源概况和河南油气产资源预测。华北石油局 1991 年编华北地区中新生油气普查勘探项目总结报告
济源凹陷	石膏(13)	E_2泽峪组	找油中见到		石膏是以石膏质砂岩夹于泽峪组上部红色细砂岩、泥岩、砂质泥岩中	

153

续附表2

盆地(凹陷名称)	矿产及编号	成矿时代及层位	工作程度	储量	地质概况	备注
中牟凹陷	石油(16)	E_3^2—E_3^3沙河街组	普查	资源量 $0.0057×10^8$~$0.0066×10^8$t	生油岩主要为古近系沙河街组。岩性为紫红色砂岩、灰色泥岩夹白色粉砂岩、生物灰岩，测试获162kg原油。在开参2井古近系沙河街组2923~3366m井段见一套暗色泥岩、泥质白云岩。凹陷中杜营2井生油岩次凹，推算生油岩面积80~100km²，生油岩厚度200~500m，生油岩埋深2800~3500m，估算资源量$0.0057×10^8$~$0.0066×10^8$t。从各方面资料分析认为中牟凹陷的杜营次凹具有找油气资源前景。靠深凹陷的斜坡部位寻找局部构造，寻找小型油气藏是有希望的	据中牟凹陷开参2井综合柱状图和中原油田1990年编中原油气区第三系
	油页岩(14)	E_3^1沙河街组二段	找油中见到	矿化	油页岩在中牟凹陷主要赋存于古近系沙河街组沙二段。在泥岩、泥质白云岩中呈夹层，无工业意义	
	石膏(17)	E_3^3沙河街组一段	找油中见到	矿化	石膏赋存于古近系—新近系沙河街组一段中，在开参2井2900m见石膏团块	
	煤(15)	E_3东营组	找油中见到	矿化线索	煤赋存于古近系东营组中，岩性为红、紫色泥岩与灰色砂岩呈不等厚互层，上部夹一层褐煤	
黄口凹陷	石油(19)	E_2汉口组	普查	资源量$0.044×10^8$t	黄口凹陷古近系，生油岩厚度为100m，埋藏浅，为650~1200m，见油气显示，也无找油气目的的层	据华北地区中新生界油气普查勘探项目总结报告(华北石油地质局1991年5月编华北石油中新生界油气普查勘探项目总结报告
	油页岩(20)	E_3宋庄组	找油中见到	矿化	在古近系宋庄组中段，产于古近系—新近系宋庄组中段，为薄层灰褐色泥岩夹灰褐色油页岩互层。其深灰色油页岩、含泥岩、硬石膏岩不等厚互层，厚100~403.5m，下段含石膏少，为灰色泥岩及棕色泥岩互层。在其汉口组上段、泥岩中也含石膏。此外，在上侏罗统城西洼组的上部常常含石膏	资料来源于华北石油北京石油局1991年5月编华北石油中新生界油气普查勘探项目总结报告
	石膏(18)	E_3宋庄组	找油中见到	矿化	古近系宋庄组中段，含石膏最大。含石膏泥岩、白云质灰岩、泥质灰岩互层。泥岩中含石膏	
交口凹陷	石膏(21)	E_2^2—E_3^2平陆群坡底组小安组	普查—详查上	$386×10^4$t以上	石膏矿主要分布于三门峡市陈家山及陕县大营等地。赋存于古近系平陆群坡及门里组上部和小安组下部。陈家山石膏矿经过详查，含石膏层比较稳定，一般呈似层状产出。以纤维石膏和粗晶石膏少量见，埋深210m以内。获石膏矿C级256×10⁴t，D级130×10⁴t，合计386×10⁴t	据河南省建材省三门峡市陈家山石膏矿区详查报告

附表2 河南省新生代沉积盆地(凹陷)矿产卡片

续附表2

盆地(凹陷名称)	矿产及编号	成矿时代及层位	工作程度	储量	地质概况	备注
交口凹陷	油页岩(22)	E_2^3 小安组	找油中见到	矿化	油页岩赋存于古近系平陆群小安组的上部,在泥岩、泥灰岩中呈夹层出现,层薄,质劣无工业价值	
五亩盆地	煤(23)	E_2^1 项城组	普查	小矿	五亩盆地煤,赋存于古近系项城组中段泥灰岩、砂岩、页岩岩系中,煤系层厚200余米,共含煤30余层,与泥灰岩、页岩互层。煤层厚0.3~0.5m,层间距1~2m,单层不稳定,变化大,煤质为沥青质褐煤	据河南局地调四队1986年提交河南省油页岩资源概况
	油页岩(24)	E_2^1 项城组	普查	矿点	油页岩:赋存于古近系项城组中段泥灰岩、页岩、油页岩薄层中,油页岩呈薄层状,多层,与泥灰岩、页岩、煤互层。质劣,含油率1%~3%	
	煤(26)	E_3 大峪组	普查—详查	矿化点	煤赋存于古近系的上部渐新统,大峪组地层中,含煤3层,呈薄层及透镜体夹于碳质页岩中,延长200m,中层稳定。煤质为沥青质褐煤,单层厚3~5cm,含油率最高6.1%,一般4%~5%	上层煤厚6~7m,中层煤厚15m,下层煤厚10m。据河南区测队1990年6月提交洛嵋化探报告
卢氏盆地	油页岩(25)	E_3 上部 锄沟组	普查	矿点	油页岩赋存于古近系锄沟组,与灰绿色泥岩、白色泥灰岩互层,含矿段厚140m,油页岩呈薄层状,共9层,单层厚1~20cm,共计6层。质劣,局部与煤共生	据河南地调四队1986年提交河南省油页岩资源概况
	石膏(27)	E_3^2 下部卢氏组	普查	矿化	石膏赋存于古近系卢氏县,泥灰岩中呈夹层	
	古砂金(28)	E	初查	矿化	位于盆地东部边部范里南沟口,砂金产于古近系蟒川系的砂砾岩的底部。Au 0.05×10^{-6},Ag 1×10^{-6},Cu 0.01%	1992年盆地发现
洛宁凹陷	油页岩(30) 煤(31)	E_2^3 蟒川组	初查	矿点	油页岩分布于洛宁县董寺一带,有董寺油页岩矿点,矿化于上古近系—新近系蟒川组中下部,与灰绿色泥岩、泥质页岩与白色泥灰岩互层,油页岩含矿段厚40m,油页岩呈薄层状,单层厚1~20cm,共计6层。质劣,局部与煤共生	据原地质12队提交宁1986年宁踏勘简报和1986年地调四队提交河南油页岩资源概况
	石膏(29)	E_2^3 蟒川组	初查	矿点	石膏赋存于古近系蟒川组中,在大南沟一带见自白色纤维状。次生石膏分布在灰绿色泥岩之中	
	铀(32)	N 洛阳组	普查	矿点	在洛宁凹陷内发现上陶峪铀矿矿点,矿化赋存于燕山期花岗岩与古近系—新近系砂砾岩的不整合面上,地层为上古近系—新近系洛阳系砂砾岩和泥岩。矿石品位较富,为单轴铀型铀矿,面积0.3km^2,U为11×10^{-6},Tn为7×10^{-6},K为2.1%,γ为26	据河南地质矿产局1988年编河南地质矿产资源概况和河南省地质学会会刊89年第四期74页铀成矿条件分析

155

续附表 2

盆地(凹陷名称)	矿产及编号	成矿时代及层位	工作程度	储量	地质概况	备注
宜阳凹陷	石膏(33)	$E_2^{2\sim3}$陈宅沟组蟒川组	普查	矿点	石膏赋存于古近系陈宅沟组及蟒川组，在紫红色、灰色粉砂质泥岩、细砂岩中夹薄层状、脉状石膏及石膏质砂岩，以及含石膏质泥灰岩。在宜1孔见石膏6层，厚0.08~0.36m，沈2孔见石膏2孔，厚0.08~0.40m，多为次生石膏	据原河南局地质12队提交宜阳盆地找盐普查报告。河南省宜阳县高桥石膏矿地质找矿报告(省建材地质队1975年12月)
	铜矿(34)	E_2^3蟒川组	普查	矿化	在宜1孔古近系蟒川组下部，灰色及砖红色砂岩，粉砂岩中，发现孔雀石，黄铜矿，含量一般为0.1%~0.026%，最高0.034%，矿化段孔深400~590m	
潭头盆地	油页岩(35)	E_2^3潭头群第Ⅱ、Ⅲ组	初勘	3586.3×10^4t	油页岩分布在潭头镇东西之间，面积约7.1km²。可采油页岩分布面积2.2km²，埋深露头至390m。油页岩赋存于古近系潭头群第Ⅱ、Ⅲ组的砂质页岩、泥灰岩中，剖面上分布极为密集以致矿层缺少一定厚度的砂岩间层。油页岩计有42~65层，分4个矿组，其中可采矿层29层，厚13.52~48.14m，单层厚0.7~2.97m，最厚11.17m，平均厚度1041~1456。质量分析：发热量Q(cal/g)平均为5.98%。工业分析：水分W2(%)平均1.01~2.44；灰分Ac(%)最大60.47，最小47.49；H(%)最大7.68，最小3.15	元素分析中N(%)最大2.89，最小1.04；O+S(%)最大49.97%，最小29.44%；S6m 最大6.19%，最小2.71%。据地调四队1986年交河南油页岩资源概况
	煤(36)	E_2^3潭头群	普查	矿点	煤赋存于古近系潭头群第Ⅲ上部油页岩矿之上，为黑色页岩砂质页岩、泥灰岩。共含煤7层，地方叫底煤、二煤、黄煤、棚煤、刷煤、信煤，底煤质量较好，但厚度薄，0.2m，二煤厚0.35~0.45m，最大煤厚0.2~0.7m，最大煤层厚1.2m，煤层内夹杆较多，为沥青质煤	据原地质12队提交的豫西地区找煤踏勘小结
	石膏(37)	E_2^3潭头群	初查	矿点	石膏赋存于古近系潭头群，在第Ⅰ组中部粉砂质泥岩内，局部见有次生石膏条带，长1~5m，厚0.2~2cm，在第Ⅲ组中部偶夹薄层石膏	
	古砂金(38)	N	普查	矿点	砂金分布嵩县大章周围及潭头一带产于上古近系—新近系砾岩中的泥岩中，呈透镜状，厚0.5m，含金品位1~2.5×10⁻⁹	
嵩县盆地	油页岩(40)煤(41)	E_2潭头群	普查	矿点	褐色油页岩与褐煤共生，主要赋存于古近系嵩县群潭头群中部的泥岩中，厚0.1~0.7m，空间形态呈小的透镜体状，质量低略无工业意义	

附表2 河南省新生代沉积盆地(凹陷)矿产卡片

续附表 2

盆地（凹陷名称）	矿产及编号	成矿时代及层位	工作程度	储量	地质概况	备注
嵩县盆地	古砂金（砾岩金）（39）	N	普查	矿点	嵩县盆地发现砂金2处，均赋存于上古近系—新近系砂砾岩及砾岩中。嵩县德亭焦沟砂金，有2个含矿层，均产于五岭岩组底部，矿呈透镜状长200m，厚1~2m，品位一般 10×10^{-9}，最高 26×10^{-9}，产于上古近系—新近系下砾岩层中，上部为红色砂砾岩含钙质结核层。矿体呈透镜体，断续出露走向延长4km，倾向延伸不到500m，矿体厚0.5m，含金品位 $\times10^{-9}$	据原地质12队1972年提交豫西地区找盐踏勘地质小结及河南油调四队1986年提交河南油页岩资源概况
伊川盆地	油页岩（42）	E_2^3 蟒川组	初查	矿点	伊川县罗村油页岩矿点，油页岩赋存于古近系泥灰岩、砂页岩中，呈薄层状，质劣	
汝州盆地（临汝盆地）	油页岩（43）石膏（44）	E_2^3 蟒川组	普查		据区域地质资料和该盆地的地质特征分析，豫西山同断陷盆地蟒川组均见有油页岩及石膏，故认为该盆地蟒川组也有油页岩及石膏产出	据原地质12队1972年提交豫西地区找盐踏勘地质小结
夏馆—高丘盆地	含凹凸棒石膏的白垩土（45）	N 凤凰镇组	初查		该矿位于镇平县柳泉铺一带，面积大于 $30km^2$，赋存于新近系地层中，白垩土按矿物成分分5种：致密块状白垩土、凹凸棒石白垩土、白云质白垩土、钙质白垩土、泥灰岩与泥灰岩石白垩土。这5种矿石都不同程度地含有凹凸棒石，最高达40%，最低5%土。该矿区交通方便，埋藏浅，矿产储量大，易加工，易开采，用处广，开发应用前景广阔，经济效益可观，建议系统做工作	据1989年原地调四队分队实地踏勘取样分析
李官桥凹陷	石膏（47）	以E_2^3大仓房组为主，次为$E_2^1-E_2^3$玉皇顶组及核桃园组	详查	新宅子石膏为 55.2×10^4 t	李官桥凹陷：石膏以泥膏为主，纤膏次之。主要赋存于古近系大仓房组，次为玉皇顶组及核桃园组。石膏矿及泥灰岩含砂泥岩互层。石膏矿共分为6组、25层。单层最大厚度9.71m，一般厚70.99m，单层厚度为0.9~3m，呈层状、似层状或透镜状。以块状硬石膏为主，$CaSO_4 \cdot 2H_2O$ 品位为74.00%~78.00%，最高达86.73%，平均品位76.1%，矿层埋深0~250m	因丹江水库内，列目表外矿，地方在开采。据淅川李官桥盆地东部省浙川李官桥盆地东部找盐详查报告

续附表 2

盆地(凹陷)名称	矿产及编号	成矿时代及层位	工作程度	储量	地质概况	备注
李官桥凹陷	天青石(46)	E_2大仓房组	找石膏中发现	矿化	天青石呈细脉状，赋存于大仓房组的含膏泥岩中，长10cm，宽3cm。另外在深部钻孔岩芯中也见少量天青石	据本研究组1991年实地踏勘
南阳凹陷	石油(49)	E_2核桃园组为主，次为玉皇顶组及廖庄组	勘探	资源量$1.35 \times 10^8 \sim 1.68 \times 10^8$ t	在南阳凹陷，有效生油岩面积1250km²，已见油、气田数4个(魏岗、张店、东庄、北马庄)，生油岩层以核桃园组为主，次为玉皇顶及廖庄组。埋深多在2000m左右，具有较好的生油条件，回陷储集层以粉砂和细砂岩为主，单层一般厚5m左右，但总厚度大，仅核桃园组砂岩最大厚度600余米，有6组油层	4个油气田均为小型，据河南地矿厅1983年编河南地质矿产资源概况和地调四队油页岩1986年提交河页岩资源概况
南阳凹陷	油页岩(50)	E_2^3核桃园组二段为主，次为核一段、三段	初查(唐河)	矿点(唐河)	油页岩赋存于核桃园组地层中，以核二段为主。核一段含数层，单层厚0.5～2m；核二段含数层80余层，单层厚0.5～2.5m；6层厚0.24～4.1m，质劣平均含油率2%～3%	唐河西大岗油页岩点在核桃园组灰绿色泥岩中
南阳凹陷	石膏(51)	E_2^{2-3}，K_2，E_3核桃园组、大仓房组、胡岗组、廖庄组	在找油中发现		回陷内石膏是在普查一勘探石油过程中发现的，在古近系廖庄组核桃园组、大仓房组见少量含石膏；在白垩系上统胡岗组见两层石膏质砂岩	据豫12队提交预见南中新生代红层的初步划分对比及成盐条件讨论
南阳凹陷	膨润土(52)	N(凤凰镇组)	普查	按脱色力>100圈矿，储量为3693×10^4 t	分布于南阳凹陷西北边部安次凹中，面积约80km²，膨润土矿赋存于上古近系—新近系凤凰镇组上部，与砂岩互层。现控制2.56km²，单孔见矿最大厚度20.59m，累计平均厚度51.20m，单层平均厚度34.47m，属钙基膨润土。该矿虽蒙脱石含量低，均小于50%，但活化脱色性能好，脱色力大部分大于100，高达144.2(浙江所行)，可做活性白土用	现地方正开采加工膨润土粉，供不应求，现在考忠活性白土的开发。据1992年地调四队提交河南襄平安秦膨润土矿产地质普查报告
南阳凹陷	地蜡(89)	E_2^3核桃园组	勘探	中型	在南阳凹陷魏岗油田，地蜡和石油共生	据河南油田资料及1:20万南阳幅区域地质产地普查报告

附表2 河南省新生代沉积盆地(凹陷)矿产卡片

续附表2

盆地(凹陷)名称	矿产及编号	成矿时代及层位	工作程度	储量	地质概况	备注
太和凹陷(饶良凹陷)	油页岩(53)	E_2^2核桃园组	普查	矿化	核桃园组岩性为灰、灰白色泥粉砂岩、砂岩夹紫红色粉砂岩、灰白色泥灰岩及灰绿色泥岩薄层。局部夹1~2层劣质油页岩,为褐色,层薄,无工业价值	据河南地质12队1979年提交的河南饶良凹陷初查报告
	石膏(54)	E_2^2核桃园组	普查	矿化	石膏为灰白色,呈纤维状集合体,脉宽1~2cm,为次生石膏,分布于核桃园组的泥岩中,以脉状顺泥岩裂隙分布,无工业价值	
泌阳凹陷	天然碱(安棚碱矿)(60)	E_2^3核桃园组	详查—初勘	截至2010年底累计查明Na_2CO_3+$NaHCO_3$ 6374×10^4t,保有Na_2CO_3+$NaHCO_3$ 5652.9×10^4t	据1991年河南油田资料,在安棚附近施工钻孔中有22口见碱,圈定碱矿面积10.74km²。碱矿赋存于古近系核桃园组的核二段、核三段。其顶底板相及液相产出。碱矿呈层状出现,次为似层状、透镜状或囊团块状。矿层厚0.1~7m,多数小于0.1m,层多达百余层,呈薄层密集产出。据安3井终孔深3200.5m,钻遇核桃园组视厚2525m(未穿),均为暗色地层,含碱11个层位,累计厚41.5m。据云9井,终孔2850m,含固碱8层,累计厚12.4m。天然碱矿(未穿),储量大	特大型矿。据地质12队1978年提交的河南省桐柏安棚石膏详查报告
	石膏(59)(安棚石膏矿)	E_3廖庄组,另外在E_2^3大仓房组及N凤凰镇组也含石膏	详查	石膏累计查明资源储量42 018×10^4t	泌阳凹陷含膏岩系以安棚为中心分布面积约25km²。石膏主要赋存于古近系部廖庄组的棕红色、灰白色砂岩、泥岩之间。共有5层石膏,单层厚1~11.54m,总厚29m。5层间隔10~25m,埋深134~338m之间。石膏以泥膏为主、纤膏次之,呈层状、似层状,产状平缓(2~5°),含量最高78.73%,一般65%左右。局部有钙芒硝矿化	
	石油(56)天然气(57)	E_2^2核桃园组	勘探	资源量2×10^8~3.23×10^8t	泌阳凹陷目前共发现6个油气田,即双河、下二门、赵凹、安棚、王集、井楼。生油岩面积592km²,厚度800m,主要为古近系核桃园组,以核三段为主。生油岩丰度高,有机碳为1.27%~2.05%,"氯仿沥青A"为0.12%~0.19%,轻油含量最高为1455×10^{-6},为小而富的油田	据华北石油局1987年编河南省油气资源预测图说明和河南地质矿产资源概况1988年编
	油页岩(61)	E_2^2核桃园组	找油、碱中发现		油页岩赋存于古近系核桃园组,与石油、天然碱共生核段层数至94层,总厚达251.75m。核三段为数层0.5~22m,单层厚0.5~10m,总厚达140.5m。如安3井油页岩为数层至45层,单层厚0.5~22m,总厚为204层,核三段多达3井油页岩取样分析,发热量比较低,如Qdf370,3200.5m。经对安1井和安3和油田钻于井资料分析,该凹陷油页岩分布面积约500km²,埋深600m以下。具体储量、质量有待进一步工作	据地调四队1986年提交的河南油页岩资源概况

续附表 2

盆地（凹陷名称）	矿产及编号	成矿时代及层位	工作程度	储量	地质概况	备注
泌阳凹陷	膨润土（55）	N 凤凰镇组	初查	矿点	在泌阳凹陷西边部，井楼南白土沟一带见到上古近系—新近系凤凰镇组地层，岩性为灰绿色钙基膨润土与泥质粉砂岩、粉砂质泥岩互层，成分为蒙脱石 80%（（Ca 型）衍射、底面间距"A"为 13.28，成分为蒙脱石 80%（（Ca 型），石英 15%，长石 5%；活性 188.4，脱色 238.5；矿厚大于 3m	唐河县咨岗乡正开采加工土粉。X 射线活性测试由河南局测试中心测试。脱色力由武汉地矿研中心测试。据地调四队 1989 年发现
	天然碱（63）岩盐（64）	E_2^3 五里堆组	勘探	截至 2010 年底：累计查明 $Na_2CO_3+NaHCO_3$ 为 3377.86×10^4t，NaCl 为 1769.4×10^4t，保有储量天然碱为 3377.26×10^4t，岩盐（矿物量）1769.4×10^4t	含盐天然碱，位于五里堆下段的中下部，分上、下 2 个矿段、7 个矿组、36 个单矿层。下矿段（天然碱矿）分 Ⅰ～Ⅲ 3 个矿组、15 个单矿层、单层厚 0.5～2.38m，含 Na_2CO_3 40%～60%，平均 54.90%，NaCl 一般小于 0.3%，个别 1%。上矿段（盐碱段）分 Ⅳ～Ⅶ 4 个矿组、21 个单矿层、单层厚 1～3m，最厚 4.56m，含 Na_2CO_3 20%～40%，平均 Na_2CO_3 33.96%，NaCl 20%～60%，平均 NaCl 45.55%。盐类矿产，分在盆地中心偏北缓坡山，面积 4.66km²，埋深 642.76～973.78m 之间，产状较缓（8°～10°），呈多层状产出	据地质 12 队提交河南桐柏吴城天然碱矿勘探报告
吴城盆地	油页岩（62）	E_2^3 以五里堆组为主，次为大张庄组、李庄沟组	初勘	11144.26×10^4t	在吴城盆地北部油页岩，主要分布在月河和陈留河之间，面积 84km²，初勘面积 42.62km²。埋深由露头至 970m。赋存于古近系五里堆组的灰绿色粉细砂岩、粉砂质泥岩及泥质灰岩中。共分 11 个矿组、124 层，油页岩层多而薄、单层厚 0.3～1.2m，最厚 3.79m，总厚 40.15～66m。可采矿层总厚 3.48～13.40m，总平均含油率 6.12%。在吴城盆地中部油页岩含矿段密集分布，与天然碱泥白云岩岩组成基本韵律，常吴天然碱矿的底板。油页岩含量 7～149 层，单层厚 0.3～1m，最厚 4m，含油率 4%～6%，仅计算与主要盐岩同韵律之油页岩 20 层的储量为 5684.76×10^4t。油页岩含油量平均 6.12%。工业分析水分 1.24%，灰分 77.15%，挥发分 23.93%，发热量平均 Q 514～1067cal/g，2831～4149cal/g。元素分析平均 C 42.23%，H 6.45%，N 1.36%，O+S 48.99%	据地调四队 1986 年提交的河南油页岩资源概况

附表2 河南省新生代沉积盆地(凹陷)矿产卡片

续附表2

盆地(凹陷名称)	矿产名及编号	成矿时代及层位	工作程度	储量	地质概况	备注
襄城凹陷	石膏(65)	E_2^3 核桃园组	找油中发现		岩盐石膏赋存于古近系核桃园组的核三段及核二段的中下部。核三段中部为灰、浅灰色泥岩、砂质泥岩、泥质粉砂岩与浅灰色粉砂岩呈不等厚互层,下部为一厚层含石膏泥岩。核三段夹3层薄层石膏。核二段为深灰色含石膏泥岩、泥岩及灰色盐岩呈不等厚互层。含石膏泥岩、泥岩、石膏、盐岩集中分布在本段顶部,向下呈零星分布。单层厚2~6m。在襄参1井,石膏在井深2600m以后见到,其质量、规模、储量不详	据襄城凹陷襄参1井资料
襄城凹陷	石油(64)	E_2^3 核桃园组	普查	远景储量2200~2260×10⁴t	经初查,生油岩系主要为核桃园组。有效生油岩厚度最最大1800m,平均680m。有机碳0.61%,沥青"A"0.068%的东部生油凹陷对比,属Ⅱ类生油凹陷	有利区为麦岭、庄店,大部鼻状构造。据1982年河南石油会战指挥部地质勘探开发研究所提交的周口凹陷新生界石油地质特征级评价。华北石油局1987年编河南省油气资源预测图图说明书
舞阳凹陷	岩盐(67) 石膏(69) 杂卤石(68)	E_2^3 核桃园组 E_2^1 也含少量石膏 (玉皇顶组)	勘探	查明的矿产地7处,岩盐706.31×10⁸t	舞阳凹陷岩盐石膏分布于叶县及舞阳县境内。面积约185km²。主要存在核桃园组,以核一段为好。为岩盐、含石膏,含盐泥岩与泥岩盐互层。盐层以纯岩盐及含盐泥岩3种形式出现。石膏以岩盐岩及含石膏泥岩2种形式出现。岩盐层多,厚度大,如WK1井岩盐厚425.67m,55层,单层厚1~22m,一般为5~12m	岩盐地质储量是按面积185km²,平均厚度191.4m,平均品位88.5%,体重2.251t/m³,求得在核桃园组局部见有杂卤石矿化
舞阳凹陷	油页岩(70)	E_2^3 核桃园组	找盐过程中发现		油页岩主要赋存在核二段,核三段,计有2~5层,单层厚1~3m,总厚6m以上。常为泥膏和岩盐,底板埋深1157~2886.5m,推测分布面积500km²	据河南地调四队1986年提交的河南页岩资源概况及1989年华北地质1989年第七卷局陈光汉等发表的舞阳凹陷,叶县盐田地质特征第2期

续附表 2

盆地 (凹陷名称)	矿产及编号	成矿时代及层位	工作程度	储量	地质概况	备注
舞阳凹陷	石油(71)	E_2^3 核桃园组	普查	资源量 $0.57\times10^8\sim$ $0.60\times10^8 t$	生油岩是核桃园组,以灰、灰黑色泥岩夹砂岩和膏盐层为主。暗色泥岩厚 $600\sim1450 m$。有机质丰度较高,有机碳为 $0.75\%\sim1.35\%$,氯仿沥青"A"$0.07\%\sim0.16\%$,生油门限深度 $2400\sim2600 m$,有效生油岩面积达 $625 km^2$,厚度 $600 m$。已有数口井见油气显示,生储油条件好,为Ⅱ类含油气远景区	据1982年河南石油会战指挥部编口坳陷新生界石油地质特征及评价。华北石油地质局1987年编河南省油气资源预测图说明书
沈丘凹陷	石膏(72)	E_2^3 核桃园组	普查		在沈丘凹陷的谭参1井的核桃园组发现石膏。在核三段二段见1m厚的泥膏。三段二段见12m厚的泥膏	据沈丘凹陷谭参1井资料
	油页岩(74)	E_2^3 核桃园组 E_3 廖庄组	初查		板桥凹陷油页岩主要赋存在古近系核桃园组核二段。岩性为绿灰、浅灰、灰色泥岩夹2层褐色油页岩和砂岩,浅灰、灰白色粉砂岩及泥质白云岩。埋深 $1200\sim1700 m$ 之间,此外在廖庄组也有1层油页岩	据河南省地调四队1986年提交的河南省油页岩资源概况
板桥凹陷	石膏(75)	E_2^3 核桃园组	找油中发现		石膏仅在古近系核桃园组核二段见到	
	石油(73)	E_2^3 核桃园组	初查		古近系厚达300m,凹陷内有2口指示古近系核桃园组暗色生油岩系,厚 $400\sim100 m$,埋藏浅,$400\sim860 m$ 为找浅层天然气油气资源预测区	据华北石油局1987年12月编河南油气资源预测图说明书